U0242810

电力系统智能变电站
综合自动化实验教程

陈歆技　编著

东南大学出版社
SOUTHEAST UNIVERSITY PRESS

·南京·

图书在版编目(CIP)数据

电力系统智能变电站综合自动化实验教程 / 陈歆技编
著. —南京:东南大学出版社,2018.3
 ISBN 978-7-5641-7663-1

 I. ①电… Ⅱ. ①陈… Ⅲ. ①智能系统-变电所-自动化
系统-实验-教材 Ⅳ. ① TM63-33

 中国版本图书馆 CIP 数据核字(2018)第 046786 号

电力系统智能变电站综合自动化实验教程

编 著 者	陈歆技	
责任编辑	陈 淑	
编辑邮箱	535407650@qq.com	
出版发行	东南大学出版社	
出 版 人	江建中	
社 址	南京市四牌楼 2 号(邮编:210096)	
网 址	http://www.seupress.com	
电子邮箱	press@seupress.com	
印 刷	南京京新印刷有限公司	
开 本	787mm×1 092mm 1/16	
印 张	12.75	
字 数	320 千字	
版 次	2018 年 3 月第 1 版 2018 年 3 月第 1 次印刷	
书 号	ISBN 978-7-5641-7663-1	
定 价	39.00 元	
经 销	全国各地新华书店	
发行热线	025-83790519 83791830	

(本社图书若有印装质量问题,请直接与营销部联系,电话:025-83791830)

前 言 PREFACE

随着第三代智能电网技术在我国的大规模推广应用,全数字化智能变电站的应用已经成为主流,其遵循的主要标准为 IEC 61850 标准。对于智能变电站继电保护及自动装置原理所涉及的专业知识,其实验研究及教学方法与传统方法有着重要区别。目前,大学本科电气工程及其自动化专业继电保护与自动装置实验教学大多仍然是基于传统装置与实验设备的,相关实验教学内容与方法已难以满足培养现代电力系统专业技术人才的要求。《电力系统智能变电站综合自动化实验教程》就是为适应新技术发展的需要而编写的。本书以基于 IEC 61850 标准的智能电网技术为基础,根据智能电网继电保护与自动装置的实验教学目标及要求,对相关实验项目及内容进行了更新和重新设计,在此基础上设置适合大学本科电气工程及其自动化专业高年级学生的面向电力系统及其自动化专业方向的《电力系统智能变电站综合自动化实验》专业实验课程,本书是该实验课程的配套教材兼实验指导书。

《电力系统智能变电站综合自动化实验》课程是为电气工程及其自动化专业本科三年级或四年级学生开设的一门面向电力系统及其自动化专业方向的专业实验课程。开设该课程的目的是使学生掌握有关电力系统及其自动化专业方面电力系统稳态、暂态、继电保护、自动装置理论相关的实验基础知识,理解和掌握电力系统科学实验方法,提高理论联系实际的能力及动手能力,以便走上工作岗位后,能够深入理解和应用所学知识解决生产实际问题。该课程的先修课程是《电路》《电机学》《电力系统稳态分析》《电力系统暂态分析》《电力系统继电保护》和《电力系统自动装置原理》及其他基础课程,学生需要具备电力系统的相关基础理论知识。

本实验教程是为《电力系统智能变电站综合自动化实验》课程专门撰写的;由于该课程所涉及的专业知识较为综合,在实验课程教学中,学生需要通过研读此书和其他参考书,理解实验课程中所涉及的基本理论与方法,详细了解各个实验的内容、操作步骤与操作方法,做好课前预习,这样才能顺利完成课程的学习任务。

全书内容分为四章,分别为电力系统智能变电站综合自动化实验课程简介、智能变电站综合自动化实验理论基础、智能变电站综合自动化实验系统、电力系统智能变电站综合自动化实验。主要内容包括基于智能变电站的电力系统继电保护与自动装置理论基础、智能变电站继电保护与自动装置工作原理及主要参数、基于智能变电站的继电保护与自动装置实验项目等。本书实验项目涵盖典型输电线路过电流保护、线路距离保护、变压器差动保护、变压器后备保护等专项实验,还包括自动装置实验及智能变电站综合故障实验,实验内容丰富,资料完整,力图反映电力系统科学实验的最新成果与实验方法,从而使学生通过本教程的实训进一步深刻理解和掌握现代电力系统基础理论知识,满足现代电力系统技术人才素质培养的要求。

本书可作为普通高等学校电气工程及自动化、电力系统及其自动化及相关专业实验课程的本科生或研究生教材及实验教学指导书,也可作为电力技术类相关专业高职高专学生的教材及实验指导书,同时还可作为电力工程技术人员的参考书。

本书在出版过程中,得到了东南大学教务处、东南大学电气工程学院及东南大学出版社的大力支持和帮助,另外,还得到了东南大学电气工程学院陆于平、陆广香、高山等老师的帮助与指导,并提出了许多宝贵意见,此外,美国威斯康星大学陈凌蛟博士对书中部分章节内容给出了参考意见,在此一并表示衷心的感谢!

鉴于编者水平及实践经验有限,书中难免有不当和错误之处,恳切希望同行专家和广大读者不吝批评指正!

编著者
于东南大学

目 录
CONTENTS

1　智能变电站综合自动化实验课程简介

1.1　实验课程主要内容 ·· 1

1.2　实验课程教学目标 ·· 2

1.3　实验要求 ·· 2

1.4　考核办法 ·· 3

2　智能变电站综合自动化实验理论基础

2.1　智能变电站与 IEC 61850 标准 ·· 4

2.2　基于 IEC 61850 变电站与传统变电站的联系与区别 ··················· 6

　2.2.1　变电站基本结构的差异 ·· 6

　2.2.2　一次设备的差异 ··· 7

　2.2.3　二次设备的差异 ··· 7

　2.2.4　信息数字化基础的差异 ·· 7

　2.2.5　设备互操作性的差异 ·· 7

2.3　电力系统科学实验研究方法 ·· 8

　2.3.1　数学模拟方法 ··· 8

　2.3.2　物理模拟方法 ··· 8

　2.3.3　基于智能电网的数字与物理混合模拟 ·································· 8

2.4　电力系统继电保护与自动装置基础 ·· 9

　2.4.1　电力系统继电保护与自动装置的基本概念 ··························· 9

　2.4.2　电力系统继电保护与自动装置原理基础 ····························· 10

　2.4.3　智能变电站继电保护与自动装置特征 ································· 11

2.5　电力系统继电保护与自动装置基本理论 ····································· 12

　2.5.1　输电线路保护基本原理 ··· 12

　2.5.2　电力变压器保护基本原理 ·· 36

2.5.3 电力系统自动装置基本原理 ………………………………………………… 41

2.6 电力系统典型继电保护与自动装置 49

2.6.1 输电线路保护装置 ……………………………………………………………… 49

2.6.2 变压器保护装置 ………………………………………………………………… 78

2.6.3 智能变电站自动装置 …………………………………………………………… 92

3　智能变电站综合自动化实验系统

3.1 电力系统智能变电站综合自动化实验室概况 …………………………… 97

3.2 智能变电站综合自动化实验原理及系统测试环境 …………………… 99

3.3 智能变电站综合自动化实验室实验系统主接线 ……………………… 99

3.3.1 智能变电站综合自动化实验室实验系统一次主接线 ……………………… 99

3.3.2 智能变电站综合自动化实验主接线原理与结构 …………………………… 101

3.4 电力系统智能变电站综合自动化实验系统的主要设备 …………… 102

3.4.1 220 kV 线路保护屏 …………………………………………………………… 102

3.4.2 220 kV 母线保护、母联保护屏 ……………………………………………… 103

3.4.3 220 kV 变压器保护屏 ………………………………………………………… 104

3.4.4 220 kV 主变高压侧智能控制柜 ……………………………………………… 104

3.4.5 110 kV 线路保护及低周减载屏 ……………………………………………… 105

3.4.6 网络分析及故障录波屏 ……………………………………………………… 105

3.4.7 低压保护屏 ……………………………………………………………………… 106

3.4.8 远动柜 …………………………………………………………………………… 106

3.5 综合自动化实验中所涉及元件及装置的主要参数 ………………… 106

3.5.1 综合自动化实验系统模拟电网主要元件参数 ……………………………… 106

3.5.2 综合自动化实验系统主要设备定值参数 …………………………………… 107

4　电力系统智能变电站综合自动化实验

4.1 实验一　输电线路三段式电流保护实验 ……………………………… 127

4.1.1 实验目的 ………………………………………………………………………… 127

4.1.2 实验原理 ………………………………………………………………………… 127

4.1.3 实验内容及步骤 ………………………………………………………………… 129

4.1.4 实验结果分析 …………………………………………………………………… 137

4.1.5 实验报告 ………………………………………………………………………… 138

4.1.6 拓展实验 ………………………………………………………………………… 138

4.1.7 预习要求 ………………………………………………………………………… 138

4.1.8 实验研讨与思考题 ··· 138

4.2 实验二 输电线路零序过流继电保护实验 ······························· 139

4.2.1 实验目的 ·· 139

4.2.2 实验原理 ·· 139

4.2.3 实验内容及步骤 ·· 140

4.2.4 实验结果分析 ··· 146

4.2.5 实验报告 ·· 147

4.2.6 拓展实验 ·· 147

4.2.7 预习要求 ·· 147

4.2.8 实验研讨与思考题 ··· 147

4.3 实验三 输电线路多段式距离保护实验 ··································· 148

4.3.1 实验目的 ·· 148

4.3.2 实验原理 ·· 148

4.3.3 实验内容及步骤 ·· 149

4.3.4 实验结果分析 ··· 154

4.3.5 实验报告 ·· 154

4.3.6 拓展实验 ·· 154

4.3.7 预习要求 ·· 155

4.3.8 实验研讨与思考题 ··· 155

4.4 实验四 输电线路距离保护阻抗特性测定实验 ························ 155

4.4.1 实验目的 ·· 155

4.4.2 实验原理 ·· 155

4.4.3 实验内容及步骤 ·· 157

4.4.4 实验结果分析 ··· 161

4.4.5 实验报告 ·· 162

4.4.6 拓展实验 ·· 162

4.4.7 预习要求 ·· 163

4.4.8 实验研讨与思考题 ··· 163

4.5 实验五 电力变压器差动保护实验 ·· 163

4.5.1 实验目的 ·· 163

4.5.2 实验原理 ·· 163

4.5.3 实验内容及步骤 ·· 164

4.5.4 实验结果分析 ··· 169

4.5.5 实验报告 ·· 170

4.5.6　拓展实验 ……………………………………………………………… 170

4.5.7　预习要求 ……………………………………………………………… 171

4.5.8　实验研讨与思考题 …………………………………………………… 171

4.6　实验六　电力变压器后备保护实验 ………………………………………… 171

4.6.1　实验目的 ……………………………………………………………… 171

4.6.2　实验原理 ……………………………………………………………… 171

4.6.3　实验内容及步骤 ……………………………………………………… 172

4.6.4　实验结果分析 ………………………………………………………… 176

4.6.5　实验报告 ……………………………………………………………… 176

4.6.6　拓展实验 ……………………………………………………………… 176

4.6.7　预习要求 ……………………………………………………………… 177

4.6.8　实验研讨与思考题 …………………………………………………… 177

4.7　实验七　电力系统低周低压自动减载实验 ………………………………… 177

4.7.1　实验目的 ……………………………………………………………… 177

4.7.2　实验原理 ……………………………………………………………… 177

4.7.3　实验内容及步骤 ……………………………………………………… 178

4.7.4　实验结果分析 ………………………………………………………… 183

4.7.5　实验报告 ……………………………………………………………… 183

4.7.6　拓展实验 ……………………………………………………………… 183

4.7.7　预习要求 ……………………………………………………………… 183

4.7.8　实验研讨与思考题 …………………………………………………… 184

4.8　实验八　电力系统智能变电站综合故障实验 ……………………………… 184

4.8.1　实验目的 ……………………………………………………………… 184

4.8.2　实验原理 ……………………………………………………………… 184

4.8.3　实验内容及步骤 ……………………………………………………… 185

4.8.4　实验结果分析 ………………………………………………………… 194

4.8.5　实验报告 ……………………………………………………………… 194

4.8.6　拓展实验 ……………………………………………………………… 194

4.8.7　预习要求 ……………………………………………………………… 195

4.8.8　实验研讨与思考题 …………………………………………………… 195

参考文献 …………………………………………………………………………… 196

1 智能变电站综合自动化实验课程简介

　　随着基于 IEC 61850 标准的第三代智能电网技术在我国的大规模推广应用,全数字化智能变电站的应用已经成为主流,在工程实践中急需大量掌握智能电网技术的工程技术人员,如何培养满足第三代智能电网技术发展要求的人才已成为我国大学本科电气工程及其自动化专业教学必须解决的一个重要课题,这需要在专业基础理论与实验教学两个方面,针对第三代智能电网技术所涉及的相关专业知识体系进行更新与调整。

　　目前,大学本科电气工程及其自动化专业继电保护与自动装置的实验教学大多仍然是基于传统装置与实验设备的,相关实验教学内容与方法已难以满足培养现代电力系统专业技术人才的要求,为此本教程针对培养满足第三代智能电网技术发展要求的电气工程及其自动化专业人才之目标,在传统实验教学目标与内容的基础上,对相关内容进行了更新和调整,并开设《电力系统智能变电站综合自动化实验》课程,其重点在于围绕基于 IEC 61850 标准的智能变电站技术,结合现已广泛应用的智能变电站继电保护与自动装置相关原理,对实验项目进行重新设计,使学生系统地掌握基于第三代智能电网技术的实验技能,更好地理解和掌握相关理论基础知识,从而适应现代电力系统对工程技术人员素质的要求。

1.1 实验课程主要内容

　　《电力系统智能变电站综合自动化实验》课程围绕第三代智能电网继电保护与自动装置技术中与实验相关的理论、实验方法等相关部分进行了系统性的探讨,其主要内容包括基于智能变电站的电力系统继电保护与自动装置理论基础、智能变电站继电保护与自动装置工作原理、基于智能站的继电保护与自动装置实验项目等,通过这些内容的学习与实践,可使学生系统地掌握智能变电站继电保护与自动装置的实验测试技能,为全面掌握和理解第三代智能电网技术奠定基础。该课程的主要任务是通过讲课、讨论及实验操作等环节讲授现代电力系统继电保护及自动装置实验的基本理论与方法及分析解决实际问题的方法,使学生掌握智能变电站综合自动化系统继电保护及自动装置实验所需要的基础知识与技能,理解和掌握处理复杂电力系统专业问题的一般方法,为从事与电气工程技术相关的科研与生产工作打下良好的基础。

　　本教程是《电力系统智能变电站综合自动化实验》课程的实验教材和实验指导书,其主要内容围绕智能变电站输电线路及变压器最主要的保护原理设计了多个完整的实验项目,并详细阐述了智能变电站继电保护与自动装置的相关理论基础和工作原理；实验项目中包含了输电线路过电流保护和零序电流保护、变压器差动保护和后备保护、自动减载等实验，另外，针对智能变电站系统设计了综合性故障实验，以进一步培养和训练学生的综合思维能力以及综合处理工程技术问题的能力，促进学生综合素质的提高。

1.2　实验课程教学目标

（1）在本科生所学专业课的基础上，通过相关实验，对电力系统中的相关基础性问题和物理现象进行综合试验研讨，帮助学生将课堂上所学的专业理论知识与实践相结合，使学生进一步理解现代电能的生产、传输、分配和使用的原理和方法，掌握电力系统中的各种稳态和暂态特性、继电保护与自动装置相关的基础理论知识。

（2）通过电力系统智能变电站综合自动化实验，引导学生综合运用所学知识，探讨电力科学研究的方法，培养学生的实际动手能力，使学生初步掌握试验研究方法、数据分析处理和撰写科学报告的能力，进一步提高综合应用及创新能力。

（3）通过实验，使学生深入理解和掌握电力系统智能变电站继电保护与自动装置工作原理，以及相关软硬件装置在实际变电站自动化系统中的应用原理，学会理论联系实际的方法。

（4）通过实验，使学生站在电力系统全局的高度，了解整个电力系统的构成、运行及故障机理，培养学生的独立思考与综合思维能力以及综合处理问题的方法，促进学生综合素质的提高。

1.3　实验要求

（1）在进行电力系统智能变电站综合自动化实验前，学生首先应仔细阅读本实验教程，了解各个实验的目的、实验内容与步骤，根据实验内容预习相关基础理论知识。

（2）熟悉电力系统智能变电站综合自动化系统实验室的一、二次设备和监控系统及布局，在教师的指导下根据实验项目和要求，独立地进行实验方案的设计（初期主要由指导教师进行），确定实验方法、具体操作步骤、拟定实验中所要求记录的信息数据表格等，在指导教师的指导下进行实验与研讨。

（3）要求学生深入理解和掌握电力系统智能变电站继电保护及自动装置的基本工作原理，根据故障参数及继电保护与自动装置模型设计实验方案，并进行故障模拟及与继电保护装置相关的计算和实验操作。

（4）学生应尽量独立地进行实验测试，实验完成后，实验者应根据实验过程整理实验数据，分析实验现象及结果，撰写并提交完整的实验报告；实验过程中必须听从指导教师的命令和安排，一定要注意人身及设备安全，严格按照操作要求使用设备。

1.4 考核办法

根据实验课程的基本要求，可选择灵活的实验考核办法。本书建议从以下方面进行考核：

（1）课程学分

实验课程学分以本科教学方案为准。

（2）平时考核

主要包括：认真态度、出勤、遵守纪律、动手能力、主动性、仪器设备操作正确性、实验结果正确性、爱护公物、讲究卫生、不烧损设备等方面。

（3）实验报告

实验报告的主要要求：

① 实验报告中需详细阐述实验原理及实验方案；

② 在处理实验数据时，需给出实验数据的处理方法；

③ 详细给出实验数据处理结果（包括表格和图形）；

④ 结合相关原理，给出实验结果的分析，对出现的实验现象进行分析和整理（包括必要理论推导与计算），说明产生实验现象的机理及原因；

⑤ 实验报告应该独立完成，不得抄袭相关资料和其他实验者的，一经发现实验成绩按不及格处理，并通报；

⑥ 实验报告须使用教师提供的标准实验报告模板进行撰写，否则视为无效。

2 智能变电站综合自动化实验理论基础

2.1 智能变电站与 IEC 61850 标准

变电站作为电力系统中变换电压、接受和分配电能、控制电能流向和调整电压的电力设施,在电力系统中已广泛应用。其主要作用是改变电压等级,控制和分配电能,实现电能经济、灵活且远距离输送给用户使用的目的。随着科学技术的发展与进步,特别是工业自动化技术的融合,到上世纪末,自动化技术在变电站中已普遍应用,从而形成了变电站综合自动化系统。然而,随着计算机技术、电子技术及通信技术的发展,这种传统变电站已难以满足电能生产、输送、分配之可靠、智能、低碳、集成的要求。为此,人们提出了以基于先进传感、通信、控制、计算、仿真技术的电网智能化调度和运行控制技术为基础的第三代智能电网技术。针对以智能电网技术为基础的智能变电站技术,国际电工委员会(IEC, International Electrotechnical Commission)第 57 技术委员会于 2003 年正式颁布了应用于变电站通信网络和系统的国际标准 IEC 61850 标准,作为基于网络通信平台的变电站通用的国际标准。IEC 61850 标准吸收了 IEC 60870 系列标准和 UCA(Utility Communication Architecture,公用通信体系结构)标准的经验,同时吸收了很多先进的技术,其应用范围并不局限于变电站内,还运用于变电站与调度中心之间以及各级调度中心之间,对保护和控制等自动化产品和变电站自动化系统(SAS, Substation Automation System)的设计与应用产生了深远的影响。我国也于 2004 年颁布了对应的中文版 DL/T 860—2004 标准,并在国内大规模推广应用,其主要应用形式是遵循 IEC 61850 标准的全数字化智能变电站为代表。

按照 IEC 61850 标准的定义,所谓智能变电站(Intelligent Substation)是指采用先进、可靠、集成、低碳、环保的智能设备,以全站信息数字化、通信平台网络化、信息共享标准化为基本要求,自动完成信息采集、测量、控制、保护、计量和监测等基本功能,并可根据需要支持电网实时自动控制、智能调节、在线分析决策、协同互动等高级功能,实现与相邻变电站、电网调度等互动的变电站。

智能变电站内的设备,依据其所处功能和地位,国际电工委员会(IEC)将各类设备归属到过程层、间隔层和站控层等这三个层次,并在 IEC 61850 标准中引入以太网通信技术到过程层,提供了智能变电站从开关、主变、电子式电流互感器和电压互感器等一次设备开始,向上到整个变电站全面数字化的技术方案,其典型结构如图 2.1 所示。

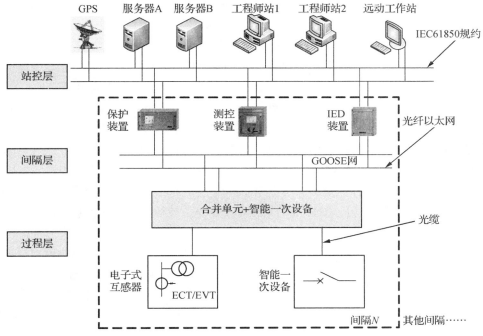

图 2.1　智能变电站自动化系统结构图

过程层：由电子式互感器 ECT/EVT（Electronic Current Transducer/Electronic Voltage Transducer，电子式电流互感器/电子式电压互感器）、合并单元（MU，Merging Unit）、智能终端（或智能操作箱）等构成，它们与一次设备相配合完成相关的功能，主要包括实时电气量的采集、设备运行状态的监测、控制命令的执行等。目前，智能变电站内实现开关、刀闸的控制功能和上送开关、刀闸的状态信号等功能主要是通过智能操作箱实现的，相关信息以开关量报文的形式上送到智能设备，其通信报文格式通常为面向通用变电站事件对象的 GOOSE（Generic Object Oriented Substation Events，面向通用对象的变电站事件）报文，而 GOOSE 报文的定义主要是参照 IEC 61850 标准第八部分的规定。合并单元完成对电子式互感器同步采样的控制和收集，并按照 IEC 61850-9-1 和 9-2 标准通过光纤以太网提供给间隔层的 IED（Intelligent Electronic Device，智能电子设备）使用。

间隔层：包括测控保护装置、计量装置、录波装置、规约转换装置等，实现保护与测控功能。其主要功能是：汇集本间隔过程层的实时信息，实施对一次设备保护控制、间隔操作闭锁、同期及其他控制等功能；其中，数据采集、统计运算及控制命令等信息的发布功能是具有优先级别控制能力的；作为智能变电站三层结构中的中间层，同时高速完成与过程层及变电站层（站控层）的网络通信功能。

站控层：是整个智能变电站自动化系统的顶层；站控层包括变电站自动化系统站级的监视控制系统、站域控制、通信系统和对时系统等，实现对全站设备的监视、控制、告警及信息交互功能，完成数据采集和监视控制（SCADA，Supervisory Control And Data Acquisition）、操作闭锁以及同步相量采集、电能量采集、保护信息管理等相关功能。站控层可由多台计算机、服务器构成,其网络通信部分通常采用双网结构,提高通信的可靠性,以实现共用网络和共享信息的目的。

对于智能变电站的继电保护与自动装置来说,基础是由电子式互感器 ECT/EVT 进行数据采样送入合并单元(MU)而得到基本电气量数据,如图 2.1 所示;智能变电站的保护与测控装置(IED)本身不需要进行模拟数字量转换,此功能已被分布到 ECT/EVT 以及合并单元中实现,这些基本电气量的数字化数据通过光纤通信接口以 SMV(Sampled Measured Value,采样测量值)报文的形式传输至继电保护及测控 IED 中,继电保护及测控 IED 通过接收 SMV 采样值报文获取数字化的电气量采样值,然后经 IED 数字化计算处理后,得到系统故障及测控信息,再通过 IED 的人机接口进行显示,或通过 IEC 61850 通信接口 GOOSE 报文进行事件状态或命令数据发布,一次智能开关设备根据 GOOSE 报文的命令,断开故障点断路器,切除故障点,使故障设备与系统脱离,实现继电保护与自动装置的功能。

通过以上分析可知,对于基于 IEC 61850 标准的智能数字化变电站中的继电保护与自动装置,其输入电气量信号为保护安装处的电压、电流 SMV 采样值报文,输出电气量为发出切除故障命令的 GOOSE 报文。因此,本教程的实验就是以智能数字式继电保护及自动装置设备为基础,通过生成和监测 SMV 采样值报文及 GOOSE 报文,实现智能变电站继电保护与自动装置原理及功能的实验与测试。

2.2　基于 IEC 61850 变电站与传统变电站的联系与区别

电力系统智能变电站综合自动化实验是以智能变电站综合自动化实验系统为依托的,是基于 IEC 61850 标准的智能变电站自动化系统,其与传统变电站在体系结构、通信标准、运行机理等方面有着重要的不同,为了更好地理解实验的基本原理,有必要深入理解其与传统变电站的联系与区别。

基于 IEC 61850 标准的智能变电站与传统变电站的联系与区别主要有以下几个方面:

2.2.1　变电站基本结构的差异

常规变电站的监控系统通常由间隔层和站控层两层构成,且结构层次并不分明,由于没有统一建模,存在着多种信息标准,接口种类多样且兼容性差;保护与测控装置与传统一、二次设备通过电缆连接,二次电缆的布线繁复、回路众多;而智能变电站按照功能定位分为过程层、间隔层和站控层三个独立但又相互紧密联系的层次,其中的过程层主要由电子式互感器(ECT/EVT)、合并单元、智能操作箱等构成,它们与一次设备相互配合完成相关的功能;间隔层包括保护测控、计量、录波、规约转换等装置,实现保护与测控的主要功能。站控层包括以远程通信和外部通信为主的站域控制通信系统、调度指挥系统及电力用户职能管理系统等,实现整个系统监控与信息共享。

2.2.2 一次设备的差异

智能变电站与传统变电站在一次设备上的差异主要体现在状态监测功能的智能化特征上。智能变电站能够自动采集和分析设备的状态信息,并将分析结果上传以实现信息交互与共享,扩大了设备自诊断的范围及准确性,方便设备的运行维护;而传统变电站并不具备以上功能,需要对其关键的一次设备(断路器、变压器等)增设相应状态监测功能单元才能实现相关功能。

2.2.3 二次设备的差异

在传统变电站二次系统中,保护装置所需的模拟量信息和设备运行状态等信息需要通过电缆传送,动作逻辑是基于在多个装置之间传递的启动和闭锁信号,各设备之间需用大量的电缆连接,导致二次回路接线比较复杂,容易出错、可靠性较低;而智能变电站的二次设备IED采用IEC 61850标准中的采样值SMV服务和面向通用对象的变电站事件GOOSE服务,通过以太网连接各间隔层设备,完成电流量、电压量和开关量信息的网络共享,借助虚端子完成保护的动作逻辑和相关间隔之间的闭锁功能,实现了真正意义上的全数字化数据采集与信息传输。

2.2.4 信息数字化基础的差异

智能变电站实现了部分或全站的信息传输的数字化、通信平台的网络化和信息共享的标准化,并且智能变电站采用了分布式网络建模和状态评估技术,将传统的“集中式的控制中心模式”改造为“分布式的变电站状态监测模式”,通过变电站内的实时信息高度冗余的先天优势,将信息误差消除在变电站内。采用标准化的配置工具实现对变电站设备和数据的统一建模及通信配置,实现变电站数据采集与信息的高度集成;而常规变电站则最多只是局部的数字化,通信平台缺乏统一的标准,信息化程度较低。

2.2.5 设备互操作性的差异

基于IEC 61850标准智能变电站的一个重要特征就是体现在设备的互操作性方面。在传统变电站中,来自同一厂家或不同厂家的IED设备由于通信协议及所使用的标准不同,设备之间的信息交互与协同操作的能力是很弱的,兼容性也很差,从而影响到整个系统的性能;而基于IEC 61850标准的智能变电站通过面向对象技术将变电站的自动化功能进行分解,使之变为更小的功能模块,且可灵活分布配置到各个IED上,实现了功能分布式配置及互操作的便利,为智能化功能的实现奠定了坚实的基础。

由此可见,鉴于智能变电站与传统变电站在体系结构、通信标准、运行机理等方面的差异,基于智能变电站的继电保护与自动装置实验必须按照符合IEC 61850标准的定义对实验系统构建、实验项目、实验方法及实验步骤进行设计,以满足智能变电站继电保护与自动装置实验的要求。

2.3 电力系统科学实验研究方法

电力系统的研究方法可以概括为理论分析和科学实验两种途径。显然,理论分析能够阐述电力系统的基本规律,但是,由于电力系统的复杂性,仅有理论分析是不够的,相关理论分析需要必要的实验验证,只有与实验验证相结合,才能够全面探索电力系统中的各种现象和问题,并找到有效解决相关技术问题的方法。因此,电力系统科学实验的方法和手段是必不可少的。电力系统的科学实验可以在真实的电力系统中进行(即原型系统),也可以在模拟系统中进行。然而,由于原型系统受到诸多条件限制,特别是一些对系统稳定性和可靠性可能造成严重影响的实验是不能够在原型系统中进行的,否则可能造成重大损失。因此,电力系统模拟实验(即模型实验)是电力系统科学实验的主要手段之一。

电力系统的模型实验方法主要有数学模拟(即数字仿真)和物理模拟(实物模拟)两种,其中电力系统动态模拟是电力系统物理模拟的主要方法,是进行电力系统分析和研究的重要方法之一。随着计算机技术、电子技术及通信技术的发展,以先进传感、通信、控制、计算、仿真技术的电网智能化调度和运行控制技术为基础的第三代智能电网技术已在我国大规模推广应用,其主要应用形式是以全数字化智能变电站为代表,遵循的主要标准为IEC 61850标准。对于智能变电站中继电保护及自动装置原理所涉及的专业知识,实验研究方法与传统方法有着重要区别,其实验方法的实质是数学模拟与物理模拟相结合的混合模拟方法。

2.3.1 数学模拟方法

电力系统的数学模拟就是利用数学模型对电力系统进行研究,也称为数字仿真或数字模拟;数学模型是建立在电力系统数学方程式的基础上,即在一定的假设条件下,根据系统中的各种物理现象,利用前人的理论基础,用一组数学方程式来描述原型系统的运动或过渡过程,其本质是采用数学方法在数字计算机或计算装置上对真实电力系统的物理特征进行实时动态模拟与再现。

2.3.2 物理模拟方法

电力系统的物理模拟就是利用物理模型对电力系统进行物理模拟,通常称为电力系统动态模拟。物理模型是根据相似原理建立的一套忠实于原系统的物理本质、各项参数按一定比例缩小或者放大的模型,在模型上所反映的物理过程与实际系统中的物理过程相似。对于电力系统动态模拟,由于物理模型与实际系统只是参数按比例缩小,而模型上的物理过程和原型的物理过程具有相同的物理实质,所以,电力系统动态模拟也就是电力系统在实验室内的复制品的模拟,能够真实模拟电力系统中的各种现象。

2.3.3 基于智能电网的数字与物理混合模拟

基于IEC 61850标准的智能电网数字与物理混合模拟就是利用数学模型及物理模型相

结合的方法对电力系统进行实验模拟,其包括数学模型与物理模型两个部分。物理模型是根据相似原理建立的一套忠实于原系统的物理本质、各项参数按一定比例缩小的模型,在模型上所反映的电磁过程与实际系统中的电磁过程相似,或者在模型系统中就使用真实的物理设备;数学模型是通过计算机或者其他计算装置建立的数学模型(数字仿真模型),并在所建立的数学模型基础上进行虚拟仿真计算,即数字仿真,用于模拟电力系统中的各种行为。根据需要,针对基于智能变电站的继电保护和自动装置行为模拟主要包含物理模拟和数学模拟两个部分。其物理模拟部分就是真实的继电保护与自动装置设备,而数学模拟是通过计算机或者专用设备建立的电力系统仿真模型的计算模拟。主要模拟方法是将数字仿真模型所仿真计算的实时结果通过特定转换设备(或试验测试装置)转换为符合 IEC 61850 标准的模拟量或状态量报文送入物理模拟部分,即真实的继电保护或其他自动装置,实现电力系统行为的真实再现,能够逼近真实地模拟电力系统中的各种现象。

综上所述,本实验教程所采用的实验方法就是基于 IEC 61850 标准的智能电网数字与物理混合模拟方法。

2.4 电力系统继电保护与自动装置基础

2.4.1 电力系统继电保护与自动装置的基本概念

在电力系统运行过程中,由于外界因素(如雷击、鸟害等)、内部因素(绝缘老化,损坏等)及操作等,都可能引起电力系统中各种故障及不正常运行状态的出现,常见的故障有单相接地、三相短路、两相短路、两相接地短路和线路断线等。

电力系统非正常运行状态有过负荷、过电压、非全相运行、振荡、次同步谐振、同步发电机短时失磁及异步运行等。

当电力系统中的电力元件(如发电机、线路等)或电力系统本身发生故障,且危及电力系统安全运行时,总是希望有能够向运行值班人员及时发出警告信号,或者直接向所控制的一次设备(如断路器等)发出跳闸命令,以便终止这些事件发展的一种自动化措施和设备,避免非正常运行或故障行为对系统中相关设备的损害。实现这种自动化措施的成套设备,一般通称为继电保护装置。

电力系统继电保护和安全自动装置是在电力系统发生故障和不正常运行情况时,用于快速切除故障,消除不正常状况的重要自动化技术和设备。电力系统继电保护和安全自动装置在电力系统发生故障或危及其安全运行的事件时,能及时发出告警信号,或直接发出跳闸命令用以终止事件。

一般来说,电力系统继电保护的主要任务及基本要求如下:

1)继电保护的基本任务

(1)能够自动、迅速、有选择地跳开指定的一次设备(例如断路器);

(2)能够反映电气元件的不正常运行状态。

2)电力系统对继电保护的基本要求

主要包括速动性、选择性、灵敏性、可靠性。

电力系统自动装置是为了保证电网安全稳定运行,保证电能质量,提高电网经济效益,实现电网运行操作的自动控制装置;其是电力系统继电保护与安全装置的补充与完善。

2.4.2　电力系统继电保护与自动装置原理基础

电力系统继电保护与自动装置必须具有正确区分被保护元件是处于正常运行状态还是发生了故障,故障是在保护区内还是区外的功能。继电保护装置要实现这一功能,需要根据电力系统发生故障前后电气物理量变化的特征为基础来构成。

电力系统发生故障后,工频电气量变化的主要特征是:

1)电流增大

在电力系统中,短路时故障点与电源之间的电气设备和输电线路上的电流将由负荷电流增大至故障电流,且数值大大超过负荷电流。

2)电压降低

在电力系统中,当发生相间短路和接地短路故障时,系统中各点的相间电压或相电压值将下降,且越靠近短路点,电压数值越低。

3)电流与电压之间的相位角改变

在电力系统中,一般情况下,正常运行时电流与电压间的相位角是负荷的功率因数角,通常约为 20°;三相短路时,电流与电压之间的相位角是由线路的阻抗角决定的,一般为 60°~85°,而在保护反方向发生三相短路时,电流与电压之间的相位角则是 180°+(60°~85°),显然,两者相位角相差了 180°。

4)测量阻抗发生变化

在电力系统中,测量阻抗为测量点(保护安装处)电压与电流之比值。正常运行时,测量阻抗为负荷阻抗;金属性短路时,测量阻抗转变为线路阻抗,故障后测量阻抗显著减小,而阻抗角增大。

5)电压、电流序分量的变化

根据电力系统暂态理论,在电力系统中发生不对称短路时,将会出现不同的相序分量,例如,两相及单相接地短路时,出现负序电流和负序电压分量;在单相接地时,将出现负序和零序电流、电压分量。这些分量在正常运行时是不会出现的。

综上所述,在电力系统中,利用短路故障时电气量的变化特征,便可构成各种原理的继电保护与自动装置。

上述保护都是基于工频电气量的,所谓工频是指电力系统的发电、输电、变电与配电设备以及工业与民用电气设备所采用的交流电的工作频率,单位为赫兹(Hz)。我国电力系统采用的工频为 50 Hz,有些国家采用的是 60 Hz。

此外,除了上述反映工频电气量的保护外,还有反映非工频电气量的保护以及非电气量的保护。所谓非工频电气量是指非工频变化的电气量;非电气量是指电气参量之外的物理量,比如:温度、压力、气体含量、酸碱度、噪声、长度、光照度等,利用这些非电气量的故障特征所构成的保护即为非电气量的保护。

2.4.3 智能变电站继电保护与自动装置特征

基于 IEC 61850 标准的智能变电站在系统结构上与传统变电站有着很大的不同,所使用的智能数字式继电保护与自动装置在装置结构、功能分布、信号传输、控制方式等方面也与传统继电保护装置有着明显不同,其主要差别表现在以下方面。

1)采样方式的不同

常规继电保护装置的采样方式是通过电缆将常规互感器的二次侧电流、电压直接接入保护装置的输入端,保护装置自身完成对电气模拟量的处理或进行采样及模数转换(A/D 转换),进而判别系统的非正常运行状态或故障状态。而智能变电站数字化保护装置的采样方式则变为接收合并单元送来的 SMV 报文,电子式互感器和合并单元负责电流、电压的采样及数模转换,并将采样值序列转换为通信报文,再通过通信网络传输给保护装置。可见,智能变电站继电保护装置的采样和 A/D 转换过程实际上是在合并单元或电子式互感器中完成的,也就是对于智能变电站数字式继电保护装置来说,原来传统的采样过程变成了合并单元或电子式互感器的电气量采集及报文通信过程。所以,对于智能变电站而言,电气量采样的重点是采样数据传输的同步问题。

智能变电站继电保护装置从合并单元接收采样值报文数据,可以采用直接点对点通信连接(保护装置和合并单元通过光纤直接通信)的方式,此方式称之为"直采";也可以经由 SV(Sampled Value,采样值)网络(经过过程层交换机通信)进行传输的方式,此方式称之为"网采"。

2)跳闸方式的不同

在智能数字化变电站中,故障切除是通过智能终端的操作实现的。智能终端(也叫智能操作箱)是断路器的智能控制装置。智能终端实现了断路器操作箱回路、操作箱继电器的数字化、智能化。除了输入、输出触点外,操作回路的功能主要是通过软件实现的,操作回路的二次接线大为简化。常规保护装置采用的是电路板上的出口继电器经电缆直接连接到断路器操作回路以实现跳合闸;智能变电站数字化保护装置则是通过光纤接口连接到断路器智能终端的通信回路传输控制信号,进而实现跳合闸。保护装置之间的闭锁、启动信号也由常规变电站的硬接点、电缆连接改为通过光纤、网络交换机的通信连接来传递的。

智能变电站继电保护装置向智能终端发送跳合闸命令,可以采用直接点对点的通信连接(保护装置和智能终端通过光纤直接通信)方式,此方式称之为"直跳";也可以是经由 GOOSE 网络(经过过程层交换机通信)进行传输的方式,此方式称之为"网跳"。

3)二次回路的差异

在智能变电站中,合并单元、电子式互感器、智能终端的应用实现了采样与跳合闸的数字化,从整体上实现了变电站二次回路的光纤化和网络化,且通过 SV/GOOSE 断链信号状态监测实现了二次回路状态的在线监测,由原常规变电站的硬接点连接变成了通过光纤、交换机的通信传递,简化了二次回路的复杂度,提高了抗干扰能力。

4)装置接口的不同

智能变电站数字化保护装置的电流、电压采样通过 SV 接口实现;开关量输出(跳合闸命令、闭锁信号输出、启动信号输出)和开关量输入(闭锁、启动)都是通过 GOOSE 通信接口实现的。保护装置通信接口的数量大大增加,而且多为光纤接口,保护装置的数据处理和输入、输出功能分散在多台物理装置中实现。

由以上分析可知,智能变电站数字化继电保护装置与常规继电保护装置的差别主要是在一次、二次设备功能定位的划分不同,通信方式及手段也有很大改变。然而,智能变电站数字化继电保护装置在保护功能实现原理上与传统继电保护装置是一致的,因此,后续所述继电保护算法的原理与常规保护原理是相通的。

2.5 电力系统继电保护与自动装置基本理论

2.5.1 输电线路保护基本原理

电力系统输电线路保护是针对输电线路元件的保护,其原理是根据输电线路一端或两端电气量在故障前后的变化特征来区分故障与正常运行状态的,并在故障时,切除故障元件。其保护种类主要包括过电流保护、零序或零序方向保护、距离保护、纵联保护及自动重合闸等。另外,为了更好地体现保护的速动性、选择性、灵敏性及可靠性,通常保护设备通过不同的保护元件检测电气量的变化,并由保护元件的检测状态经逻辑综合得到故障切除的正确动作信息,最终通过动作命令切除故障。保护元件主要包含主保护元件、后备保护元件及辅助保护元件等。以下针对输电线路的主要继电保护原理进行具体分析。

2.5.1.1 电流突变量启动保护原理

根据电力系统稳态与暂态理论,电力系统发生故障时,从电气量来看,通常所表现的主要特征是电流的突变,可以根据电流突变量的数值作为保护启动(辅助保护)的依据。由基于数字式保护的原理,可作如下分析:

假设有一典型电力网络,如图 2.2 所示,其由两个电源 E_S 和 E_R 及其之间连接的输电线路 MN 构成。如果输电线路在 t_1 时刻故障,由叠加原理可知,其故障后在 M 母线出口处所测量电流的瞬时值为:

$$i_m(t_1) = i_L(t_1) + i_k(t_1) \tag{2.1}$$

其中故障电流分量为:

$$i_k(t_1) = i_m(t_1) - i_L(t_1) \tag{2.2}$$

式中:$i_L(t_1)$——t_1 时刻的负荷电流;

$i_m(t_1)$——故障后的测量电流;

$i_k(t_1)$——故障电流。

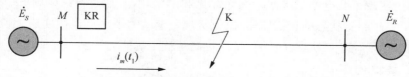

图 2.2 电力线路短路电流示意图

电流突变量实用算法：

假设，负荷电流为正弦波，正常运行情况下，则有负荷电流瞬时值为：

$$i_L(t_1) = i_L(t_1 - T)$$

式中：T——工频信号的周期（50 Hz 系统为 20 ms），其他符号含义同上；

显然，$i_L(t_1 - T)$ 是比 t_1 时刻提前一个周期的负荷电流瞬时值；

所以：

$$i_k(t_1) = i_m(t_1) - i_L(t_1) = i_m(t_1) - i_L(t_1 - T)$$

非故障阶段，$i_L(t_1 - T) = i_m(t_1 - T)$，故：$i_k(t_1) = 0$

在输电线路故障情况下，故障电流为：

$$i_k(t_1) = i_m(t_1) - i_m(t_1 - T) \tag{2.3}$$

由数字化继电保护原理可知，短路电流波形如图 2.3 所示，利用采样值计算公式可得：

$$\Delta i_k = i_k - i_{k-N} \tag{2.4}$$

式中：Δi_k——故障电流分量在 k 采样时刻的计算值；

i_k——在 k 时刻的测量电流采样值；

i_{k-N}——k 时刻之前一周期的电流采样值；

N——交流电流每周波采样点数；

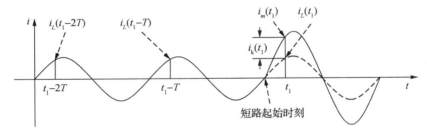

图 2.3　短路电流波形示意图

电流突变量通常作为保护的启动元件，应用中其需要满足以下要求：

① 能够反映各种类型的短路故障，即使是三相同时性短路故障，也能够可靠启动；如果故障时存在过渡电阻，也应该有足够的灵敏度和速动性。

② 在非故障情况下（例如，被保护元件通过最大负荷电流、系统振荡的情况），应该可靠不动作。

③ 在 PT 二次侧断线时，应该可靠不动作。因此，通常启动元件应采用电流量，不应该采用电压量。

④ 为了能够发挥启动元件的闭锁作用，构成启动元件的数据采集、CPU 等部分最好与保护动作元件完全独立。

根据以上特点，假设当前时刻为 t，则保护装置电流突变量启动元件判据可采用如下公式：

$$\Delta i_{\varphi\varphi} > I_{QD} + K_{dz} \cdot \Delta I_{\varphi\varphi T} \tag{2.5}$$

或者

$$\Delta 3 i_0 > I_{QD} + K_{dz} \cdot \Delta 3 I_{0T} \tag{2.6}$$

其中：$\varphi\varphi$ 为 AB，BC，CA 三种相别，T 电网周期为 20 ms(50 Hz 系统)；

$$\Delta i_{\varphi\varphi}=|i_{\varphi\varphi}(t)-2\times i_{\varphi\varphi}(t-T)+i_{\varphi\varphi}(t-2T)| \tag{2.7}$$

其为相间电流瞬时值的突变量；

$$\Delta 3i_0=|3i_0(t)-2\times 3i_0(t-T)+3i_0(t-2T)| \tag{2.8}$$

其为零序电流瞬时值的突变量；

K_{dz} 为相间电流、零序电流浮动门槛整定系数。

在式(2.5)及式(2.6)中，I_{QD} 为电流突变量启动定值。$\Delta I_{\varphi\varphi T}$、$\Delta 3I_{0T}$ 分别为相间电流、零序电流突变量的浮动门槛值。式(2.7)及式(2.8)电流突变量计算公式可以补偿电网频率变化引起的不平衡电流。电流突变量启动元件能够自适应于正常运行和振荡期间的不平衡分量，因此，既有很高的灵敏度而又不会频繁误启动。为保证可靠性，当任一电流突变量连续三次大于启动门槛值时，则保护启动。

在数字式继电保护装置中，通常电流采样值为线电流的采样瞬时值：$i_\varphi(t)$(φ 为 A，B，C 三种相别)，式(2.7)中的相间电流瞬时值可以通过线电流瞬时值的计算得到，根据交流电路原理，计算公式如下：

$$\begin{cases} i_{AB}(t)=i_A(t)-i_B(t) \\ i_{BC}(t)=i_B(t)-i_C(t) \\ i_{CA}(t)=i_C(t)-i_A(t) \end{cases} \tag{2.9}$$

2.5.1.2 输电线路三段式电流保护原理

在输电线路中，发生故障时，总伴随着有电流增大的现象，因此，利用故障时的电流增大这一特征，可以构成输电线路电流保护。在我国电力系统中，110 kV 及以下电压等级的线路中，普遍会采用三段式电流保护。

输电线路电流保护是通过检测电流的变化来判定故障的发生，实现这一功能的故障测量元件是电流继电器。电流继电器是实现电流保护的基本元件，也是反映一个电气量而动作的简单继电器。一般来说，决定电流继电器动作特性的有两个参数：一个是动作电流($I_{op.r}$)和一个是返回电流($I_{re.r}$)。

动作电流：能使继电器动作的最小电流值。当继电器的输入电流 $I_m<I_{op.r}$ 时，继电器不动作；而当 $I_m>I_{op.r}$ 时，继电器能够迅速地动作。

返回电流：能使继电器返回原位的最大电流值。在继电器动作以后，当电流减小到 $I_m\leqslant I_{re.r}$ 时，继电器能立即返回原位。

返回系数：即继电器的返回电流与动作电流的比值。可表示为：

$$K_{re}=\frac{I_{re.r}}{I_{op.r}}$$

显然，反映电气量增长而动作的继电器(如电流继电器)的 $K_{re}<1$；对于电压继电器也是类似的，反映电气量降低而动作的继电器(如低电压继电器)，其 $K_{re}>1$。

在实际应用中，常常要求电流继电器有较高的返回系数，如 0.8～0.9。

在电力系统中，由于运行方式的不同，短路电流也是不同的；根据电力系统运行方式的定义可知，运行方式主要有：最大运行方式和最小运行方式。所谓最大运行方式，是指系统在该方式下运行时,具有最小的短路阻抗值,发生短路后产生的短路电流最大的一种运行方式。所谓最小运行方式,是指系统在该方式下运行时,具有最大的短路阻抗值,发生短路后产生的短路电流最小的一种运行方式。显然,在输电线路中,同一地点发生相同类型的短路故障时,最大运行方式情况下的短路电流最大,最小运行方式情况下的短路电流最小;也就是短路电流介于最大、最小运行方式情况下的短路电流值之间,如图2.4所示。

在图2.4中,输电线路分为多段,曲线Ⅰ和Ⅱ是在同一故障类型情况下,故障点沿线路长度变化的最大、最小运行方式短路电流曲线;因此,输电线路中任一地点发生同一类型故障时的短路电流都介于曲线Ⅰ和Ⅱ之间。

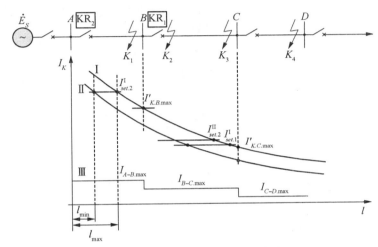

图2.4 电力线路短路电流示意图

在图2.4中,母线 A 和 B 处装设有电流保护 KR_2 和 KR_1,曲线Ⅲ为输电线路各段的负荷电流曲线,显然,短路电流比负荷电流大得多,对于过电流保护总是希望各段线路上的保护装置之保护范围能够达到该条线路长度的100%。然而,实际情况则并非如此。

如图2.4所示的线路中,保护 KR_2 在线路 B—C 段始端 K_2 点发生短路时是不应该动作的,因为 B—C 段线路的保护是由保护 KR_1 负责的,但是,当在线路 A—B 段的末端 K_1 点短路时,其短路电流与 K_2 点的短路电流几乎一样,使得保护失去选择性。在工程上为解决这一矛盾,通常采用带不同时限及电流定值的多段式电流保护方法,这样,通过延时动作时间及过电流定值的配合,实现整个线路的保护。

在工程上,通常电流保护采用的是三段式电流保护,即电流瞬时速断(电流Ⅰ段)、限时电流速断(电流Ⅱ段)及定时限过电流保护(电流Ⅲ段)等。

电流Ⅰ段:按躲开本线路末端的最大短路电流来整定,不能保护线路全长。

电流Ⅱ段:按躲开下一级相邻元件速断保护的动作电流来整定,不能作为相邻元件的后备。

电流Ⅲ段:按躲开最大负荷电流来整定,并考虑电动机自启动的影响,动作时限较长。

对于电流瞬时速断(电流Ⅰ段)保护,其动作判据可取为:

$$I_K \geqslant I_{set}^{I}$$

(2.10)

式中：I_K——短路电流；

　　I_{set}^{I}——继电保护电流 I 段整定值，$I_{set}^{\text{I}} = K_{rel}^{\text{I}} I_{K.\max}$；

　　K_{rel}^{I}——可靠系数，一般取 1.2～1.3；

　　$I_{K.\max}$——是指本线路末端发生短路时可能出现的最大短路电流，即在最大运行方式下发生三相短路时的短路电流。

电流瞬时速断保护（电流I段）的动作时限为：t^{I}，可以取最小时限，主要是操作回路延时。

例如，对于图 2.4 中的保护 KR_2 来说，电流瞬时速断（电流 I 段）保护的动作判据为：$I_K \geqslant I_{set.2}^{\text{I}}$，$I_{set.2}^{\text{I}} = K_{rel}^{\text{I}} I_{K.B.\max}$。

上式中：$I_{K.B.\max}$ 为母线 B 处发生短路时可能出现的最大短路电流，即在最大运行方式下母线 B 处发生三相短路时的短路电流，其他符号含义同式（2.10）。

对于限时电流速断（电流 II 段）保护，其动作判据可取为：

$$I_K \geqslant I_{set}^{\text{II}} \tag{2.11}$$

式中：I_K——短路电流；

　　I_{set}^{II}——继电保护电流 II 段整定值，$I_{set}^{\text{II}} = K_{rel}^{\text{II}} I_{set}^{\text{I}}$；

　　K_{rel}^{II}——可靠系数，一般取 1.1～1.2。

动作时限为：

$$t^{\text{II}} = t^{\text{I}} + \Delta t \tag{2.12}$$

式中：t^{II}——电流 II 段动作时限；

　　t^{I}——电流 I 段动作时限；

　　Δt——通常取 0.5s。

同样，对于图 2.4 中的保护 KR_2 来说，其限时电流速断（电流 II 段）保护的动作判据为：

$$I_K \geqslant I_{set.2}^{\text{II}}, \quad I_{set.2}^{\text{II}} = K_{rel}^{\text{II}} K_{rel}^{\text{I}} I_{K.C.\max}$$

式中：$I_{K.C.\max}$ 为母线 C 处发生短路时可能出现的最大短路电流，其他符号含义同式（2.11）。

对于定限时过电流（电流 III 段）保护，其动作判据可取为：

$$I_K \geqslant I_{set}^{\text{III}} \tag{2.13}$$

式中：I_K——短路电流；

　　I_{set}^{III}——继电保护电流 III 段整定值，$I_{set}^{\text{III}} = \dfrac{I_{re}}{K_{re}} = \dfrac{K_{rel}^{\text{III}} K_{SS}}{K_{re}} I_{L.\max}$；

　　K_{rel}^{III}——可靠系数，一般取 1.15～1.25；

　　$I_{L.\max}$——最大负荷电流；

　　I_{re}、K_{re}——继电器返回电流及返回系数；

　　K_{SS}——电动机的自启动系数，一般取 1.5。

上述过电流保护原理在实际物理装置的应用中，对于不同厂商的保护装置，其保护分段方法及各项参数可能会略有不同，然而，其保护机理都是一样的。

2.5.1.3　输电线路故障选相原理

在电力系统中，对于 220～1 000 kV 的架空线路，运行实践表明，所发生的故障大多为单相接地短路故障。在这种情况下，如果只切除故障相线路，而其他未发生故障的两相线路继续运行,将有利于提高输电或供电可靠性。因此,如何区分故障相别是 220～1 000 kV 的架空线路保护需要解决的重要问题。区分故障相即故障选相原理是通过故障选相元件实现的。

对故障选相元件的基本要求如下:

(1) 线路发生各种故障时,能够准确可靠地选出故障相;

(2) 在故障发生时及切除故障相后,非故障相都不应该误动;

(3) 故障选相元件的灵敏度及动作时间不应该影响主保护的性能;

(4) 故障选相元件的拒动不应该影响主保护的动作性能。

常用选相元件的类型如下:

1) 电流选相元件

电流选相元件的动作电流按照大于最大负荷电流的原则整定,保证动作选择性。

2) 低电压选相元件

低电压选相元件是利用低电压继电器特性实现故障选相,其动作电压按照小于正常运行及非全相运行时可能出现的最低电压整定。

3) 阻抗选相元件

阻抗选相元件的原理是利用各相带零序电流补偿的接地阻抗继电器特性测量短路点到保护安装处的接地阻抗实现的。

对于不同保护装置,其故障选相元件的特性都是不同的,具体特性在后续章节中有关具体保护装置原理的部分进行阐述。

2.5.1.4 输电线路零序电流保护原理

通常,根据电力系统暂态理论,在中性点接地的输电线路上发生不对称短路故障时,都会产生零序电流。由这一特征,可以构成输电线路的零序电流保护。

输电线路零序电流保护是反映输电线路一端零序电流特征的保护。

反映输电线路一端电气量变化的保护由于无法区分本线路末端短路和相邻线路始端的短路,为了在相邻线路始端短路不越级跳闸,通常采用的方法是线路分段保护,其瞬时动作的 I 段只能保护本线路的一部分,本线路末端短路只能靠其他段带延时切除故障。所以反映输电线路一端电气量变化的保护通常做成多段式的保护。

这种多段式的保护又称作具有相对选择性的保护,即它既能保护本线路的故障又能保护相邻线路的故障。要构成多段式的保护必须具备下述两个条件:首先,要能够区分正常运行和短路故障两种运行状态。在正常运行时保护不能动作,在短路时保护能够准确动作。其次,要能够区分短路点的远近,以便在近处短路时以较短的延时切除故障,而在远处短路时,以较长的延时切除故障,以满足选择性的要求,零序电流保护能够满足这两个条件。

在电力系统中,正常运行时没有零序电流,只有在不对称接地短路故障时才有零序电流。因此,零序电流保护能够满足上述第一个要求。假设,在与图 2.2 所示系统对应的零序序网图中(如图 2.5),如果短路点(故障支路)的零序电流为 $\dot{I}_{F0}$,则流过安装在 MN 线路始端保护的零序电流为:

$$\dot{I}_0 = C_0 \dot{I}_{F0} \tag{2.14}$$

式中：C_0——零序电流分配系数，$C_0 = \dfrac{Z'_{K0} + Z_{R0}}{Z_{S0} + Z_{K0} + Z'_{K0} + Z_{R0}}$；

$\dot{I}_{F0}$ 为短路点零序电流。

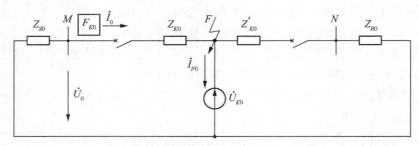

图 2.5　输电线路接地故障零序序网图

在图 2.5 中，Z_{K0} 和 Z'_{K0} 分别为短路点到保护安装处及线路末端的零序阻抗，Z_{S0} 和 Z_{R0} 分别为线路两端电源至线路首末端 M 和 N 母线处的等效零序阻抗。显然，如果短路点越靠近保护安装处，Z_{K0} 越小、Z'_{K0} 越大，则 C_0 越大，流过保护安装处的零序电流越大，反之短路点越远，流过保护安装处的零序电流越小。所以，流过保护安装处的零序电流大小反映了短路点的远近，满足了上述第二个要求。

由于保护装置可以根据零序电流的大小判断短路点的远近，因而可以使它具备如下的功能：当短路点越近，保护动作得越快，短路点越远，保护动作得越慢，由此零序电流保护可以分为多段，每段有其各自的线路保护范围，且通过各段不同的动作电流及动作时间的配合，实现整个线路的保护，例如零序Ⅰ段、Ⅱ段、Ⅲ段。

零序电流保护只能用来保护不对称接地短路故障，对于两相不接地的短路和三相短路则不能起到保护作用。

2.5.1.5　影响流过保护安装处的零序电流大小的诸多因素

在电力系统中，流过保护安装处的零序电流大小与诸多因素有关，通常有以下因素：

① 零序电流大小与接地故障的类型有关。

② 零序电流大小非但与零序阻抗有关而且与正、负序阻抗都有关。

③ 零序电流大小与保护背后系统和对端系统的中性点接地变压器的多少密切相关。

④ 零序电流大小与短路点的远近有关。

⑤ 双回线路或环网中零序电流计算需要考虑双回线路的分流影响。

因此，在保护动作方程及定值设定等方面，需针对上述因素进行综合考虑。

2.5.1.6　零序电流方向保护原理

一般来说，在电力系统中，由于零序电流是由经过中性点接地的变压器构成回路，在每一母线处都有中性点接地的变压器，对零序电流保护来说基本上每条线路都是双侧电源线路。为了提高双侧电源线路上电流保护的选择性和灵敏性，有时是通过加装辨识零序电流方向的继电器来保证的。加装零序方向继电器的零序电流保护称之为零序电流方向保护。

1）正、反方向接地短路时，零序电压和零序电流的夹角特性

在图 2.6 所示的零序序网图中，若零序方向继电器 F_{K0} 装设在线路 MN 的 M 端，且规定

零序电压的正方向是母线电压端为正，中性点电压端为负，零序电流以母线流向被保护线路为正方向，如图 2.6(a)和(b)所示。假设系统中各元件的零序阻抗角为 $80°$，则正、反方向短路时，零序电压和电流相角差很大，分析如下：

正向短路时，则保护安装处的零序电压与电流有：$\dot{U}_0 = -\dot{I}_0 Z_{S0}$

正向短路零序电压电流角度差为：

$$\varphi = \arg\left(\frac{\dot{U}_0}{\dot{I}_0}\right) = \arg(-Z_{S0}) = \arg(Z_{S0}) - 180° = -100°$$

反向短路时，$\dot{U}_0 = \dot{I}_0(Z_{l0} + Z_{S0})$

反向短路零序电压电流角度差为：

$$\varphi = \arg\left(\frac{\dot{U}_0}{\dot{I}_0}\right) = \arg(Z_{l0} + Z_{R0}) = 80°$$

式中，Z_{l0} 为线路 MN 的零序阻抗，其他符号含义与图 2.5 相同。

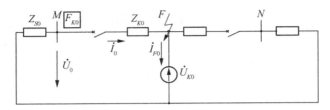

（a）正方向短路

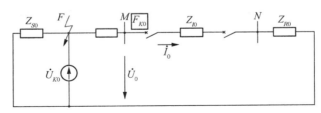

（b）反方向短路

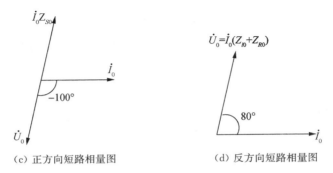

（c）正方向短路相量图　　　　　（d）反方向短路相量图

图 2.6　正、反方向接地短路零序序网图和向量图

所以，在正方向短路时，零序电压超前零序电流的角度是保护安装处反方向零序阻抗的阻抗角再反一个 $180°$，角度是个负角，零序电流超前于零序电压。在反方向短路时，零序电压超前零序电流的角度是保护安装处正方向零序阻抗的阻抗角,角度是正角,零序电流滞后于零序电压。显然正、反方向短路时,零序电压超前于零序电流的角度是截然相反的,如图 2.6(c)、(d)所示,因此,可用以区分正、反方向短路。

由以上分析可知,正、反向短路时,可以根据零序电压与电流的角度差,定性正、反向短路特性。

2)零序方向保护实现方法

(1)按零序电压、零序电流的相位比较方式实现

对于图 2.5 所示的零序网络,测量零序电压和零序电流的夹角,系统中各个元件的零序阻抗角为 80°,则可以根据正向短路零序电压电流角度差的值确定动作方程,即满足下述动作方程,则继电器动作,反之继电器不动作。

$$-190° < \arg\left(\frac{\dot{U}_0}{\dot{I}_0}\right) < -10° \tag{2.15}$$

(2)按照零序功率的幅值比较方式实现

同样,对于图 2.5 所示的零序网络,零序功率可表示为:

$$S_0 = 3\dot{U}_0 \times 3\hat{I}_0 = 3U_0 \times 3I_0[\cos(\varphi - \varphi_l) + j\sin(\varphi - \varphi_l)] = P + jQ$$

正方向零序功率动作方程可设定为:

$$\begin{cases} P_0 = 3U_0 \times 3I_0\cos(\varphi - \varphi_l) < -1, & I_N = 5\text{ A} \\ P_0 = 3U_0 \times 3I_0\cos(\varphi - \varphi_l) < -0.2, & I_N = 1\text{ A} \end{cases} \tag{2.16}$$

式中:$\varphi = \arg\left(\dfrac{\dot{U}_0}{\dot{I}_0}\right)$,$\varphi_l = 80°$,为各个元件的零序阻抗角,$I_N$ 为电流互感器二次侧额定电流。

反方向零序功率动作方程可设为:

$$P_0 = 3U_0 \times 3I_0\cos(\varphi - \varphi_l) > 0 \tag{2.17}$$

3)零序电压和零序电流的获取方法

(1)零序电流获取方法

① 零序电流滤过器方式

在二次回路上将电流互感器(CT,Current Transformer)二次侧各相连在一起后,即为三相电流之和 $3\dot{I}_0$,再经过小变换器变换后输入到保护装置中,作为零序电流的输入值。

② 自产 $3\dot{I}_0$ 方式

通过软件计算方法获得 $3\dot{I}_0$(数字式保护的常用方式)。

根据电力系统暂态理论,其计算公式为:

$$3\dot{I}_0 = \dot{I}_A + \dot{I}_B + \dot{I}_C \tag{2.18}$$

式中:$3\dot{I}_0$——3 倍零序电流矢量;

$\dot{I}_A, \dot{I}_B, \dot{I}_C$——A、B、C 相电流矢量。

(2)零序电压获取方式

① 自产 $3\dot{U}_0$ 方式

通过软件计算方法获得 $3\dot{U}_0$(数字式保护的常用方式)。

根据电力系统暂态理论,其计算公式为:

$$3\dot{U}_0 = \dot{U}_A + \dot{U}_B + \dot{U}_C \tag{2.19}$$

式中:$3\dot{U}_0$——3 倍零序电压矢量;

$\dot{U}_A, \dot{U}_B, \dot{U}_C$——A、B、C 相电压矢量。

② 从开口三角形 TV 处获取 $3\dot{U}_0$

对于零序电压,开口三角形电压互感器 TV(TV,Voltage Transformer,或者 PT,Potential Transformer)开口处的电压即为零序电压 $3\dot{U}_0$,可直接将开口三角形 TV 开口电压接入保护装置。

2.5.1.7 零序反时限电流保护原理

在常规输电线路零序电流保护中,为了有选择地、快速地切除输电线路各处所发生的故障,通常使用多段式,且通过各段不同延时切除时间的配合实现分段保护,也就是定时限电流分段保护,但是,由于分段多,使用的继电器元件也多,而反时限电流保护则可以克服这一缺点。反时限过电流保护是指动作时间随短路电流的增大而自动减小的保护。使用在输电线路上的反时限过电流保护,能更快地切除被保护线路首端的故障。反时限特性为:流过故障点的电流越大,保护动作时间越短。反时限电流保护大多采用零序电流作为故障判别量,称之为零序反时限电流保护;零序反时限电流保护就是保护装置的动作时间与故障零序电流大小成反比关系的保护。

目前,国内外常用的反时限保护通用数学模型为:

$$t = \frac{k}{\left(\dfrac{I_m}{I_p}\right)^r - 1} \tag{2.20}$$

式中:k,r——常数;

I_p——反时限电流定值;

I_m——故障电流;

t——跳闸时间。

上式表明:保护动作时间 t 是故障电流 I_m 的函数。

在国内外保护装置的工程实践中,大多采用的是 IEC 标准反时限特性,IEC 零序电流反时限特性为:

$$t = \frac{0.14 T_p}{\left(\dfrac{I_0}{I_p}\right)^{0.02} - 1} \tag{2.21}$$

式中:T_p——零序反时限时间;

I_p——零序反时限电流定值;

I_0——零序故障电流;

t——跳闸时间。

2.5.1.8 输电线路距离保护原理

在电力系统中,输电线路距离保护和电流保护一样是反映输电线路一端电气量变化的保护。

为了描述输电线路距离保护原理,以下图为例,图中 $\dot{E}_S$ 为电源, Z_S 为电源至母线 M 的阻抗, M 母线出口接有线路, K 点为故障点,如图 2.7 所示。

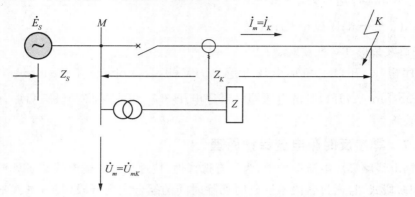

图 2.7　距离保护阻抗元件接线原理图

将输电线路一端的电压 $\dot{U}_m$ 和电流 $\dot{I}_m$ 加载到阻抗元件(阻抗继电器)中,阻抗元件反映的是它们的比值,称之为阻抗元件(继电器)的测量阻抗 Z_m ,即 $Z_m = \dot{U}_m / \dot{I}_m$ 。

正常运行时,加在阻抗元件上的电压是额定电压 $\dot{U}_N$,电流是负荷电流 $\dot{I}_l$ 。阻抗元件的测量阻抗是负荷阻抗: $Z_m = Z_l = \dot{U}_N / \dot{I}_l$ 。

短路时,加在阻抗元件上的电压是母线处的残压 $\dot{U}_{mK}$,电流是短路电流 $\dot{I}_K$ 。阻抗元件的测量阻抗是短路阻抗 Z_K ,即 $Z_m = Z_K = \dot{U}_{mK} / \dot{I}_K$ 。由于 $|\dot{U}_{mK}| \ll |\dot{U}_N|$, $|\dot{I}_K| \gg |\dot{I}_l|$,因而 $|Z_K| \ll |Z_l|$ 。所以,阻抗元件的测量阻抗可以区分正常运行和短路故障状态。

如果在 K 点发生的是金属性短路,短路点到保护安装处的线路阻抗为 Z_K ,流过保护的电流为 $\dot{I}_K$,则保护安装处的电压为 $\dot{U}_{mK} = \dot{I}_K Z_K$ 。阻抗元件的测量阻抗是 $Z_m = \dot{U}_{mK} / \dot{I}_K = Z_K$ 。这说明阻抗元件的测量阻抗反映了短路点到保护安装处的阻抗,也就是反映了短路点的远近。所以,可以用它来构成反映一端电气量的保护。

由于阻抗元件的测量阻抗反映了短路点的远近,也就是反映了短路点到保护安装处的距离,所以把以阻抗元件(继电器)为核心元件构成的反映输电线路一端电气量变化特征的保护称作距离保护。

距离保护在运行方式不同的情况下,且短路点到保护安装处之间没有其他分支,则测量阻抗仍然保持 $Z_m = \dot{U}_{mK} / \dot{I}_K = Z_K$ 的关系,所以,其不受运行方式的影响。

由于阻抗元件的测量阻抗可以反映短路点的远近,所以可以做成阶梯形的时限特性,如图 2.8 所示。短路点越近,保护动作得越快;短路点越远,保护动作得越慢。

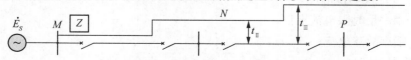

图 2.8　距离保护阶梯形时限特性

1) 短路故障状况下,保护安装处电压计算的一般公式

在距离保护算法中,需要用到故障电压,因此,故障发生时的电压计算是非常重要的。

如图 2.9 所示,短路故障时的电压计算可作如下分析:

在图 2.9 所示的系统中,输电线路上 K 点发生短路故障,保护安装处某相的相电压应该是短路点处该相电压与输电线路上故障区段该相电压的压降之和。而输电线路上故障区段该相电压的压降是故障区段该相上的正序、负序和零序压降之和。考虑到输电线路的正序阻抗等于负序阻抗,则可得保护安装处相电压的计算公式为:

$$\begin{aligned}
\dot{U}_\varphi &= \dot{U}_{K\varphi} + \dot{I}_{1\varphi}Z_1 + \dot{I}_{2\varphi}Z_2 + \dot{I}_0 Z_0 \\
&= \dot{U}_{K\varphi} + \dot{I}_{1\varphi}Z_1 + \dot{I}_{2\varphi}Z_2 + \dot{I}_0 Z_0 + (\dot{I}_0 Z_1 - \dot{I}_0 Z_1) \\
&= \dot{U}_{K\varphi} + (\dot{I}_{1\varphi} + \dot{I}_{2\varphi} + \dot{I}_0)Z_1 + 3\dot{I}_0 \frac{Z_0 - Z_1}{3Z_1}Z_1 \\
&= \dot{U}_{K\varphi} + (\dot{I}_\varphi + K3\dot{I}_0)Z_1
\end{aligned} \tag{2.22}$$

式中:φ——相别,$\varphi=$ A、B、C;

　　$\dot{I}_{1\varphi}$、$\dot{I}_{2\varphi}$、$\dot{I}_0$——流过保护的该相的正序、负序、零序电流;

　　Z_1、Z_2、Z_0——短路点到保护安装处的正序、负序、零序阻抗;

　　K——零序电流补偿系数,$K = (Z_1 - Z_0)/3Z_1 = Z_M/Z_1$($Z_M$ 为输电线路相间的互感阻抗);

　　$\dot{U}_{K\varphi}$——短路点的该相电压;

　　$(\dot{I}_\varphi + K3\dot{I}_0)Z_1$——输电线路上该相从短路点到保护安装处的压降。

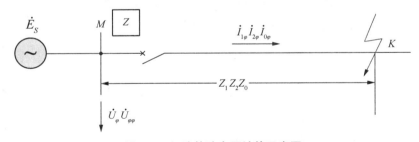

图 2.9　短路故障电压计算示意图

保护安装处的相间电压可以认为是保护安装处的两个相电压之差。考虑到如式(2.22)所示的相电压的计算公式后,保护安装处相间电压的计算公式为:

$$\dot{U}_{\varphi\varphi} = \dot{U}_{K\varphi\varphi} + \dot{I}_{\varphi\varphi}Z_1 \tag{2.23}$$

式中:$\varphi\varphi$——两相相间,$\varphi\varphi=$ AB、BC、CA;

　　$\dot{U}_{K\varphi\varphi}$——短路点的相间电压;

　　$\dot{I}_{\varphi\varphi}$——两相电流差,$\varphi\varphi=$ AB、BC、CA,例如 $\dot{I}_{AB} = \dot{I}_A - \dot{I}_B$;

　　$\dot{I}_{\varphi\varphi}Z_1$——输电线路上从短路点到保护安装处的两相压降之差。两相上的 $K3\dot{I}_0 Z_1$ 项相抵消。

式(2.22)和式(2.23)是短路故障时保护安装处电压计算的一般公式,该公式具有如下特征:

（1）在任何短路故障类型下，对于故障相或非故障相的相电压的计算、故障相间或非故障相间电压的计算，这两个公式都是适用的。

（2）在非全相运行时，对于在运行相上所发生的短路故障，计算保护安装处的运行相或两个运行相相间的电压，这两个公式也是适用的。

（3）在系统振荡过程中发生短路时，对于计算保护安装处的电压，这两个公式也是适用的。

2）阻抗继电器及其工作电压

输电线路距离保护原理的核心是短路阻抗的测量。由前面的分析可知，通过测量保护安装处到故障点之间的阻抗，就可以实现输电线路距离保护。通常，测量阻抗所使用的元件为阻抗继电器。

阻抗继电器的阻抗测量是通过施加于其上的电压和电流实现的。阻抗继电器所施加的电流，在线路无分支的情况下，就是故障电流，在此不做讨论；阻抗继电器所施加的电压是保护安装处的电压，其动作电压也就是工作电压，其值需要具体分析。

阻抗继电器的工作电压 $\dot{U}_{OP}$（或称作补偿电压，常记为 U'），可按下式计算获得：

$$\dot{U}_{OP} = \dot{U}_m - \dot{I}_m Z_{set} \tag{2.24}$$

式中：$\dot{U}_m$、$\dot{I}_m$——加在阻抗继电器上的由接线方式决定的测量电压、测量电流；

Z_{set}——阻抗继电器的整定阻抗（即阻抗定值）。

在数字式微机保护中，$\dot{U}_m$、$\dot{I}_m$ 的值可根据电压、电流采样值数据经过运算后获得，Z_{set} 是保护定值单中给定的。因此，数字式微机保护可由式（2.24）计算出 $\dot{U}_{OP}$ 的值。由式（2.24）确定的阻抗继电器的工作电压有时也称作补偿电压，有些书上把它记为 U'，或称作距离测量电压。

从式（2.24）可见，$\dot{U}_m$ 是保护安装处的测量电压。如果从保护安装处到保护范围末端没有其他分支电流而流过的是同一个 $\dot{I}_m$ 电流时（例如正常运行、区外故障、系统振荡的情况下），则 $\dot{I}_m Z_{set}$ 就是从保护安装处到保护范围末端这一段线路上的压降。此时，阻抗继电器工作电压的物理概念就是保护范围末端的电压，即由保护安装处求得的补偿到保护范围末端的电压，所以又把它称作补偿电压。

在现代电力系统中，随着基于 IEC 61850 标准的智能电网技术的发展，数字式微机保护技术已广泛应用。对于数字式微机保护装置，距离保护阻抗继电器的实现方法主要分为两类：一类是按照动作方程实现的，另一类是先根据测量的电气量计算测量阻抗，再根据确定的阻抗特性曲线，判断保护动作范围及结果。阻抗继电器的动作特性可以分为幅值比较式和相位比较式，目前，应用较为广泛的是相位比较式。无论幅值比较式，还是相位比较式阻抗继电器，其动作特性最终都对应于复平面上的阻抗特性曲线。

保护正向短路与反向短路时，相位比较式阻抗继电器工作电压可作如下分析：

在图 2.10 中，Z 为阻抗继电器，Y 点为线路保护范围，Z_{set} 为阻抗定值，Z_K 为短路阻抗，其他符号含义同上。

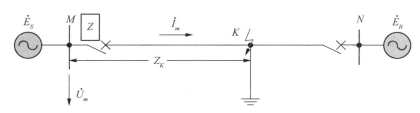

（a）正向短路

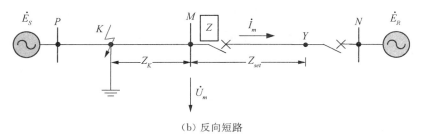

（b）反向短路

图 2.10　正向、反向短路的系统图

（1）正向短路

假设，在如图 2.10(a)所示系统中，保护正方向的 K 点发生金属性短路，加在保护装置上的电压 $\dot{U}_m$ 和电流 $\dot{I}_m$ 即为阻抗继电器上的电压和电流，其正方向按照一般的规定是：电流 $\dot{I}_m$ 以母线流向被保护线路的方向为正方向，电压 $\dot{U}_m$ 以母线电位为正，中性点为负为正方向；Z_K 为短路点到保护安装处的线路正序阻抗；由于是金属性短路，则有 $\dot{U}_m=\dot{I}_mZ_K$，所以，工作电压的表达式为：

$$\dot{U}_{OP}=\dot{U}_m-\dot{I}_mZ_{set}=\dot{I}_mZ_K-\dot{I}_mZ_{set}=\dot{I}_m(Z_K-Z_{set}) \qquad (2.25)$$

通常，整定阻抗 Z_{set} 的阻抗角与线路阻抗角相同，令 $Z_{set}=nZ_K$，n 为实数，则有：

$$\dot{U}_{OP}=(1-n)Z_K\dot{I}_m=(1-n)\dot{U}_m \qquad (2.26)$$

正向区间内短路时，$Z_K<Z_{set}$，$n>1$，式(2.26)中的$(1-n)$为负值，因此，$\dot{U}_{OP}$ 与 $\dot{U}_m$ 相位相反；正向区外短路时，$Z_K>Z_{set}$，$n<1$，$(1-n)$ 为正值，$\dot{U}_{OP}$ 与 $\dot{U}_m$ 相位相同。

（2）反向短路

同样，假设在如图 2.10(b)所示系统中，保护反方向的 K 点发生金属性短路，正方向的规定同前，则有 $\dot{U}_m=-\dot{I}_mZ_K$，其工作电压表达式为：

$$\dot{U}_{OP}=\dot{U}_m-\dot{I}_mZ_{set}=-\dot{I}_mZ_K-\dot{I}_mZ_{set}=-\dot{I}_m(Z_K+Z_{set}) \qquad (2.27)$$

同理，令 $Z_{set}=nZ_K$，则有：

$$\dot{U}_{OP}=-(1+n)Z_K\dot{I}_m=(1+n)\dot{U}_m \qquad (2.28)$$

反向短路时，$(1+n)$ 为正值，因此，$\dot{U}_{OP}$ 与 $\dot{U}_m$ 相位相同。

由以上分析可知，在区内和区外金属性短路时，$\dot{U}_{OP}$ 的相位相反。因此，在正向区内金属性短路时，$\dot{U}_{OP}$ 与 $\dot{U}_m$ 相位相差 180°，阻抗继电器可靠动作，正向区外和反向金属性短路时，

$\dot{U}_{OP}$ 与 $\dot{U}_m$ 相位相同，继电器可靠不动作，所以，阻抗继电器动作方程为：

$$（180°-90°）<\arg\frac{\dot{U}_{OP}}{\dot{U}_m}<（180°+90°）\tag{2.29}$$

由此可见，相位比较式阻抗继电器动作是依据相位比较进行的。

在进行相位比较的动作方程中，如果相位比较动作方程的两个边界角是 90°和 270°，选取与动作电压比较相位的另一个电压，并将其作为相位比较的基准相量，该电压称之为极化电压。通常，极化电压采用动作方程中的 $\dot{U}_m$，即保护安装处的电压。

2.5.1.9 输电线路接地距离保护

通常，输电线路接地距离保护的动作方程如下：

工作电压：

$$\dot{U}_{OP\varphi}=\dot{U}_\varphi-(\dot{I}_\varphi+K3\dot{I}_0)Z_{set}$$

极化电压：

$$\dot{U}_{P\varphi}=\dot{U}_{1\varphi}$$

动作方程：

$$90°<\arg\frac{\dot{U}_{OP\varphi}}{\dot{U}_{P\varphi}}<270°\tag{2.30}$$

式中：φ——相别，$\varphi=$A、B、C；其他符号含义同前。

其基本原理分析如下：

1）正方向故障

对于正向单相接地短路，以 $K_A^{(1)}$（K 点 A 相接地短路）为例，可对 A 相接地阻抗继电器特性作如下分析。

假设短路故障前空载，下面各式中的电流都是故障分量电流。用图 2.11(a) 系统图里的参数来表达 A 相工作电压（$\dot{U}_{OPA}$）和 A 相极化电压（$\dot{U}_{PA}$），则有：

$$\dot{U}_{OPA}=\dot{U}_A-(\dot{I}_A+K3\dot{I}_0)Z_{set}=(\dot{I}_A+K3\dot{I}_0)Z_m-(\dot{I}_A+K3\dot{I}_0)Z_{set}$$
$$=(\dot{I}_A+K3\dot{I}_0)(Z_m-Z_{set})\tag{2.31}$$

$$\dot{U}_{PA}=\dot{U}_{1A}=\dot{E}_{SA}-\dot{I}_{1A}Z_S=(\dot{I}_A+K3\dot{I}_0)(Z_S+Z_m)-\dot{I}_{1A}Z_S$$
$$=(\dot{I}_A+K3\dot{I}_0)(Z_m+k'Z_S)\tag{2.32}$$

式中：

$$k'=1-\frac{\dot{I}_{1A}}{\dot{I}_A+K3\dot{I}_0}=1-\frac{C_1\dot{I}_{FA1}}{C_1\dot{I}_{FA1}+C_2\dot{I}_{FA2}+C_0\dot{I}_{FA0}+K3C_0\dot{I}_{FA0}}=\frac{(1+3K)C_0+C_1}{(1+3K)C_0+2C_1}$$

C_1、C_2、C_0 是正序、负序、零序电流分配系数，K 为零序电流补偿系数；$\dot{I}_{FA1}$，$\dot{I}_{FA2}$，$\dot{I}_{FA0}$分别为故障点处的 A 相正序、负序、零序故障电流。

则动作方程为：

$$90°<\arg\left(\frac{Z_m-Z_{set}}{Z_m+k'Z_S}\right)<270°\tag{2.33}$$

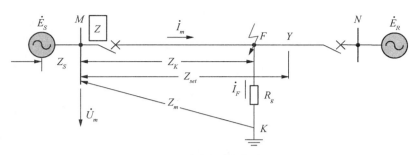

（a）正方向短路系统图

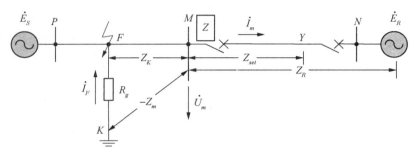

（b）反方向短路系统图

图 2.11　输电线路正方向、反方向短路的系统图

动作方程对应的动作特性是以（$+Z_{set}$）和（$-k'Z_S$）两点的连线为直径的圆，如图 2.12 中的圆所示。该圆向第Ⅲ象限带有偏移。

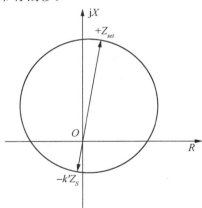

图 2.12　正向单相接地短路接地阻抗继电器的稳态动作特性

2）反方向故障

同样，对于反向单相接地短路，以 $K_A^{(1)}$ 为例，如图 2.11（b），可对 A 相接地阻抗继电器特性作如下分析。

假设，短路故障前空载，下面各式中的电流都是故障分量电流，则有：

$$\dot{U}_{OPA}=\dot{U}_A-(\dot{I}_A+K3\dot{I}_0)Z_{set}=-(\dot{I}_A+K3\dot{I}_0)(-Z_m)-(\dot{I}_A+K3\dot{I}_0)Z_{set}$$

$$=(\dot{I}_A+K3\dot{I}_0)(Z_m-Z_{set}) \tag{2.34}$$

$$\dot{U}_{PA}=\dot{U}_{1A}=\dot{E}_{RA}+\dot{I}_{1A}Z_R=-(\dot{I}_A+K3\dot{I}_0)(Z_R-Z_m)+\dot{I}_{1A}Z_R$$

$$=(\dot{I}_A+K3\dot{I}_0)(Z_m-Z_R)+\dot{I}_{1A}Z_R$$

$$=(\dot{I}_A+K3\dot{I}_0)(Z_m-k'Z_R) \tag{2.35}$$

式中 k' 的表达式如式(2.32)所示,通常其值在 0.75 到 0.87 之间。Z_R 是保护正方向的等值阻抗。

将(2.34)和(2.35)两式代入动作方程(2.30),并消去分子分母中的 $(\dot{I}_A+K3\dot{I}_0)$,可得:

$$90°<\arg\left(\frac{Z_m-Z_{set}}{Z_m-k'Z_R}\right)<270°$$

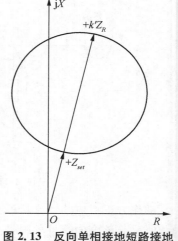

动作方程对应的动作特性是以 $(+Z_{set})$ 和 $(+k'Z_R)$ 两点的连线为直径的圆,如图 2.13 所示。该圆向第 I 象限上抛,远离了坐标原点。

当反方向发生单相接地短路时,继电器的测量阻抗落在第 III 象限。即使在反方向出口或母线发生短路,过渡电阻的附加阻抗是阻容性的话,测量阻抗进入第 II 象限也进入不了圆内。所以,在反向发生单相接地短路时,该继电器有良好的方向性。

图 2.13 反向单相接地短路接地阻抗继电器的动作特性

2.5.1.10 输电线路相间距离保护

通常,输电线路相间距离保护的动作方程如下:

工作电压:

$$\dot{U}_{OP\varphi\varphi}=\dot{U}_{\varphi\varphi}-\dot{I}_{\varphi\varphi}Z_{set}$$

极化电压:

$$\dot{U}_{P\varphi\varphi}=\dot{U}_{1\varphi\varphi}$$

动作方程:

$$90°<\arg\frac{\dot{U}_{OP\varphi\varphi}}{\dot{U}_{P\varphi\varphi}}<270° \tag{2.36}$$

式中:$\varphi\varphi$——相别。$\varphi\varphi$=AB、BC、CA;其他符号含义同前。

其基本工作原理分析如下:

1)正向两相故障

对于正向两相短路,以 $K_{BC}^{(2)}$(K 点 B、C 相短路)为例,可对 B、C 相短路阻抗继电器特性做如下分析。

假设短路故障前空载,下面各式中的电流都是故障分量电流。则用图 2.11(a)系统图里的参数来表达的工作电压($\dot{U}_{OPBC}$)和极化电压($\dot{U}_{PBC}$)为:

$$\dot{U}_{OPBC}=\dot{U}_{BC}-(\dot{I}_B-\dot{I}_C)Z_{set}=(\dot{I}_B-\dot{I}_C)Z_m-(\dot{I}_B-\dot{I}_C)Z_{set}$$

$$=(\dot{I}_B-\dot{I}_C)(Z_m-Z_{set})=2\dot{I}_B(Z_m-Z_{set}) \tag{2.37}$$

$$\dot{U}_{PBC}=\dot{U}_{1BC}=\dot{U}_{1B}-\dot{U}_{1C}=(\dot{U}_{1B,m}+\Delta\dot{U}_{1B})-(\dot{U}_{1C,m}-\Delta\dot{U}_{1C})$$

$$=(\dot{E}_{SB}-\dot{I}_{1B}Z_S)-(\dot{E}_{SC}-\dot{I}_{1C}Z_S)$$

$$= (\dot{I}_B - \dot{I}_C)(Z_S + Z_m) - (\dot{I}_{1B} - \dot{I}_{1C})Z_S$$

$$= 2\dot{I}_B(Z_S + Z_m) - \dot{I}_B Z_S$$

$$= 2\dot{I}_B\left(\frac{1}{2}Z_S + Z_m\right) \tag{2.38}$$

式中：$\dot{U}_{1B,m}$，$\dot{U}_{1C,m}$ 分别为保护安装处正序电压 B、C 相的记忆值，也就是故障发生前的正常电压值；

$\Delta\dot{U}_{1B}$，$\Delta\dot{U}_{1C}$ 分别为保护安装处正序电压 B、C 相的故障电压变化量。

对于式（2.38），显然，有 $\dot{U}_{1B} = \dot{U}_{1B,m} + \Delta\dot{U}_{1B}$，$\dot{U}_{1C} = \dot{U}_{1C,m} + \Delta\dot{U}_{1C}$。

根据 $\dot{I}_B = -\dot{I}_C$ 及 $\dot{I}_{1B} - \dot{I}_{1C} = \dot{I}_B$，并代入式（2.36），可得动作方程：

$$90° < \arg\left|\frac{Z_m - Z_{set}}{Z_m + \frac{1}{2}Z_S}\right| < 270° \tag{2.39}$$

上式动作方程对应的动作特性是以（$+Z_{set}$）和（$-\frac{1}{2}Z_S$）两点的连线为直径的圆，如图 2.14 所示，该阻抗特性圆向第Ⅲ象限偏移。

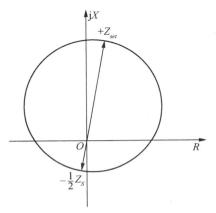

图 2.14　正向两相短路阻抗继电器的稳态动作特性

2）正向三相故障

对于正向三相短路故障情况下的阻抗继电器特性分析较为简单，且三个相间阻抗继电器一致，同样用图 2.11(a) 系统图里的参数来表达的工作电压和极化电压为：

$$\dot{U}_{OP\varphi\varphi} = \dot{U}_{\varphi\varphi} - \dot{I}_{\varphi\varphi}Z_{set} = \dot{I}_{\varphi\varphi}Z_m - \dot{I}_{\varphi\varphi}Z_{set} = \dot{I}_{\varphi\varphi}(Z_m - Z_{set}) \tag{2.40}$$

$$\dot{U}_{P\varphi\varphi} = \dot{U}_{1\varphi\varphi} = \dot{U}_{\varphi\varphi} = \dot{I}_{\varphi\varphi}Z_m \tag{2.41}$$

式中符号含义同上。

显然，将式（2.40）及式（2.41）代入式（2.36），可得动作方程：

$$90° < \arg\left(\frac{Z_m - Z_{set}}{Z_m}\right) < 270° \tag{2.42}$$

动作方程对应的动作特性是以（$+Z_{set}$）和坐标原点两点的连线为直径的圆，如图 2.15 所示。

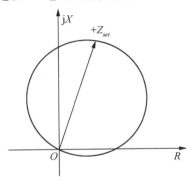

图 2.15　正向、反向三相短路阻抗继电器的稳态动作特性

3) 反向两相故障

同理,对于反向两相短路,以 $K_{BC}^{(2)}$（K 点 B、C 相短路）为例,B、C 相短路阻抗继电器特性可作如下分析。

假设,短路故障前空载,下面各式中的电流都是故障分量电流。用图 2.11(b)系统图里的参数来表达的工作电压和极化电压为:

$$\dot{U}_{OPBC}=\dot{U}_{BC}-(\dot{I}_B-\dot{I}_C)Z_{set}=-(\dot{I}_B-\dot{I}_C)(-Z_m)-(\dot{I}_B-\dot{I}_C)Z_{set}$$

$$=(\dot{I}_B-\dot{I}_C)(Z_m-Z_{set})=2\dot{I}_B(Z_m-Z_{set}) \tag{2.43}$$

$$\dot{U}_{PBC}=\dot{U}_{1BC}=\dot{U}_{1B}-\dot{U}_{1C}=(\dot{E}_{RB}+\dot{I}_{1B}Z_R)-(\dot{E}_{RC}+\dot{I}_{1C}Z_R)$$

$$=(\dot{E}_{RB}-\dot{E}_{RC})+(\dot{I}_{1B}-\dot{I}_{1C})Z_R$$

$$=-(\dot{I}_B-\dot{I}_C)(Z_R-Z_m)+(\dot{I}_{1B}-\dot{I}_{1C})Z_R$$

$$=2\dot{I}_B(Z_m-Z_R)+\dot{I}_BZ_R$$

$$=2\dot{I}_B\left(Z_m-\frac{1}{2}Z_S\right) \tag{2.44}$$

式中符号含义同上。

根据 $\dot{I}_B=-\dot{I}_C$ 及 $\dot{I}_{1B}-\dot{I}_{1C}=\dot{I}_B$,将上式代入式(2.36),可得动作方程:

$$90°<\arg\left[\frac{Z_m-Z_{set}}{Z_m-\frac{1}{2}Z_S}\right]<270° \tag{2.45}$$

动作方程对应的动作特性是以 $(+Z_{set})$ 和 $\left(+\frac{1}{2}Z_S\right)$ 两点的连线为直径的圆,如图 2.16 所示。该阻抗特性圆向第 Ⅰ 象限上抛,远离了坐标原点。

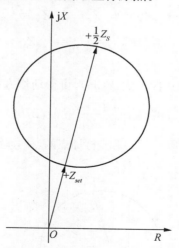

图 2.16 反向两相短路阻抗继电器的稳态动作特性

4) 反向三相故障

对于反向三相短路故障情况下相间距离继电器阻抗特性的分析也是一样的,且三个相间距离阻抗继电器特性一致,同样用图 2.11(b)系统图里的参数来表达的工作电压和极化电压为:

$$\dot{U}_{OP\varphi\varphi} = \dot{U}_{\varphi\varphi} - \dot{I}_{\varphi\varphi}Z_{set} = -\dot{I}_{\varphi\varphi}(-Z_m) - \dot{I}_{\varphi\varphi}Z_{set} = \dot{I}_{\varphi\varphi}(Z_m - Z_{set}) \qquad (2.46)$$

$$\dot{U}_{P\varphi\varphi} = \dot{U}_{1\varphi\varphi} = \dot{U}_{\varphi\varphi} = -\dot{I}_{\varphi\varphi}(-Z_m) = \dot{I}_{\varphi\varphi}Z_m \qquad (2.47)$$

式中符号含义同上。

显然,将式(2.46)及式(2.47)代入式(2.36),可得动作方程:

$$90° < \arg\left(\frac{Z_m - Z_{set}}{Z_m}\right) < 270° \qquad (2.48)$$

动作方程对应的动作特性是以($+Z_{set}$)和坐标原点两点的连线为直径的圆,如图 2.15 所示,其特性与正向三相短路是一样的。

上述距离阻抗特性在实际保护设备的应用中,通常是将各种距离阻抗特性及方向元件特性进行各种组合,得到的保护设备距离阻抗特性可以是圆形的,也可以是多边形的,具体根据实际需要进行选择与设定。

2.5.1.11 输电线路纵联保护原理

输电线路单一电压、电流、零序电流及各种距离保护都是反映输电线路一端电气量的保护,从原理上来说,由于短路状况的不同及保护方法的限制,最直接的原因是线路末端与相邻线路始端距离太近,短路电压、电流及距离阻抗的差异很小,使得这些保护方法难以区分线路末端与相邻线路始端的短路故障,如图 2.17 所示。

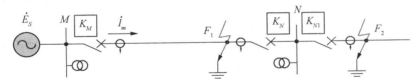

图 2.17 线路末端与相邻线路始端短路的系统图

上图中 M 母线处安装的保护 K_M 是无法区分 F_1 和 F_2 故障点的,但是,N 母线处安装的保护 K_N 却是可以区分的(通过方向继电器元件)。由此可以考虑在一条线路的始端和末端分别装设两套保护装置,并在线路两端的保护装置上建立通信连接,两套保护装置彼此互通信息,能够完整获取线路的故障信息,这样就可以保护线路的全长,实现完备的线路保护。这种综合反映元件两端电气量的保护称作纵联保护。

纵联保护反映的是元件两端电气量的保护。在输电线路中,主要反映的是线路两端的电气量特征,而线路的距离通常较长,因此,需在线路始末端各装设一台保护装置,这两台保护装置共同构成线路纵联保护。为了使线路两端的纵联保护装置互通信息,需要在彼此之间建立通信通道。在输电线路纵联保护中,主要的纵联保护通信通道包括电力线载波通道、微波通道、专用光纤通道及导引线通道等。目前,最常用的是专用光纤通道。

使用光纤通道做成的纵联保护也称作光纤保护,其通信通道连接如图 2.18 所示。

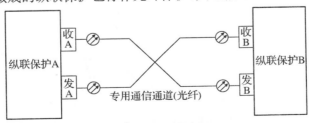

图 2.18 专用光纤通道线路纵联保护通信连接图

输电线路纵联保护有多种类型,主要包括闭锁式纵联方向保护、闭锁式纵联距离保护、允许式纵联保护及光纤纵联电流差动保护等。

输电线路纵联保护基本原理如下:

1) 闭锁式纵联方向保护

对于输电线路闭锁式纵联方向保护来说,输电线路的两端都装设方向元件,每端都有两个方向元件,在这两个方向元件中,一个是正方向方向元件 F_{Pos},其保护方向为正方向;另一个是反方向方向元件 F_{Neg},其保护方向为反方向。正方向元件 F_{Pos} 在反方向短路时不动作,反方向方向元件 F_{Neg} 在正方向短路时不动作,如图 2.19 所示。

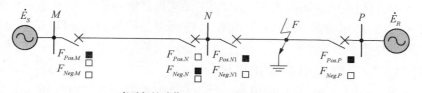

■ 表示保护动作   □ 表示保护不动作

图 2.19　闭锁式纵联方向保护原理示意图

在图 2.19 中,若线路 NP 的 F 点发生故障,则线路 NP 为故障线路,线路 MN 为非故障线路。线路 NP 两端的方向元件判定故障方向均为正方向,$F_{Pos.N1}$ 及 $F_{Pos.P}$ 均动作,而 $F_{Neg.N1}$ 及 $F_{Neg.P}$ 均不动作;当故障点 F 靠近 N 母线时,非故障线路 MN 的 N 端故障方向判定为反方向,$F_{Pos.N}$ 肯定不动作,由于故障点靠近 N 端,所以 $F_{Neg.N}$ 动作;当故障点远离 N 母线时,$F_{Neg.N}$ 由于灵敏度不够则可能动作,也可能不动作。同理,非故障线路 MN 的 M 端方向元件判定故障方向均为正方向,反方向元件 $F_{Pos.M}$ 肯定不动作;对于 M 端正方向元件,当故障点 F 靠近 N 端时,M 端正方向元件 $F_{Pos.M}$ 动作,当故障点 F 远离 N 端时,由于灵敏度不足,则 $F_{Pos.M}$ 可能动作,也可能不动作。所以,故障线路方向元件动作特性是:线路两端正方向元件均动作,而反方向均不动作;非故障线路方向元件动作特性是:线路两端有一端的正方向元件不动作,而反方向则可能动作。

由以上分析可知,可以根据故障线路方向元件动作特征构造保护装置的工作特性,即通过比较线路两端四个故障方向元件动作行为进行故障判定,满足故障线路方向元件动作特征的,进行故障跳闸,切除故障,否则将保护闭锁,这种原理的保护称之为闭锁式纵联方向保护。

2) 闭锁式纵联距离保护

闭锁式纵联方向保护是利用方向元件进行故障判定的,其中方向元件是关键;同样,利用方向性阻抗继电器特性也可以构成纵联保护。在输电线路两端的保护装置上都装设方向距离阻抗元件,这两个方向距离阻抗元件的特性是:如果故障点在距离阻抗元件保护范围内则动作,否则不动作,如图 2.20 所示。

■ 表示保护动作   □ 表示保护不动作

图 2.20　闭锁式纵联距离保护原理示意图

在图 2.20 中，线路 NP 的 F 点发生故障，则线路 NP 为故障线路，线路 MN 为非故障线路。线路 NP 两端的距离阻抗元件判定故障均在保护范围内的正方向，Z_{N1} 及 Z_P 均动作；当故障点 F 靠近 N 母线时，非故障线路 MN 的 N 端故障方向判定为反方向，Z_N 肯定不动作；对于线路 MN 的 M 端，由于故障点靠近 N 端，处在 M 端距离阻抗保护范围内，所以 Z_N 动作；当故障点远离 N 母线时，Z_M 由于灵敏度不够则可能动作，也可能不动作。所以，故障线路方向距离阻抗元件的动作特性是：线路两端的方向距离阻抗元件均动作；非故障线路方向距离阻抗元件的动作特性是：线路两端至少有一端的方向距离阻抗元件可能不动作。

由以上分析可知，可以根据故障线路方向距离阻抗元件的动作特征来构造保护装置，即通过比较线路两端两个故障方向距离阻抗元件的动作行为进行故障判定，满足故障线路方向距离阻抗元件动作特征的，进行故障跳闸，切除故障，否则将保护闭锁，这种原理的保护称之为闭锁式纵联距离保护。

3）允许式纵联保护

允许式纵联保护的原理与闭锁式纵联方向保护的原理完全一致，所不同的仅是信号的使用方法不同。如图 2.19，在允许式纵联保护中，线路正方向元件动作且反方向元件不动作的一端向对端发送允许信号，这样在故障线路 NP 上，其两端都会发送允许信号，则两端都会知道对端正方向元件动作且反方向元件不动作的情况，两端允许信号的逻辑状态相"与"为"真"，进而发出跳闸命令，断开故障线路两端，切除故障；而在非故障线路 MN 上，线路 N 端的方向距离阻抗元件不满足"线路正方向元件动作且反方向元件不动作"的条件，所以 N 端方向距离阻抗元件不会发送允许信号给 M 端，这样即使 M 端可能满足允许信号条件，但却收不到 N 端允许信号，两端允许信号逻辑相"与"为"假"，则不发跳闸命令，非故障线路不会跳闸。

允许式纵联保护在实际保护装置上实现时，根据具体情况会有所差异，但原理是一样的，具体参见后续章节中保护装置原理的说明。

4）光纤纵联电流差动保护

输电线路纵联保护采用光纤通信通道后，通信容量大为增加。如果利用光纤通信通道传输对端电流采样瞬时值，进而比较线路两端电流瞬时值的差异，采用电流差动原理进行故障判定，这种保护称之为光纤纵联电流差动保护。

光纤纵联电流差动保护工作原理分析如下：

图 2.21　光纤纵联电流差动保护原理系统图

在如图 2.21 所示的系统图中，假设线路 MN 两端装设的纵联保护测量电流分别为 $\dot{I}_M$ 和 $\dot{I}_N$，其正方向以母线流向线路为正方向，以线路两端电流相量之和作为光纤纵联电流差动保护的动作电流 I_d，以线路两端电流相量之差作为光纤纵联电流差动保护的制动电流 I_r，显然，将整个线路看做一个完整元件，根据电路原理，则正常运行时，差动电流为零；故障时，差动电流不为零，其动作方程如下：

$$\begin{cases} I_d = |\dot{I}_M + \dot{I}_N| \\ I_r = |\dot{I}_M - \dot{I}_N| \end{cases} \tag{2.49}$$

以上就是光纤纵联电流差动保护的基本原理,其核心是电流差动继电器的动作特性。在工程实际中,对于差动继电器特性,为保证可靠性,通常采用具有比率制动特性的差动特性曲线,如图 2.22 所示。

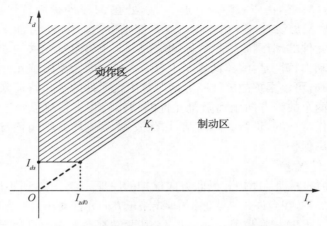

图 2.22 光纤纵联电流差动保护比率制动特性曲线图

在图 2.22 中,其是具有两段折线的比率制动特性曲线,阴影区为差动动作区,非阴影区为差动制动区,I_{ds} 为差动继电器的启动电流,K_r 为比率制动线的斜率,也就是比率制动系数,即:

$$K_r = \frac{I_d}{I_r} \tag{2.50}$$

对于图 2.22 所示的两段折线比率制动特性来说,其动作方程为:

$$\begin{cases} I_d > I_{ds}, & I_r < I_{dz0} \\ I_d > K_r I_r, & I_r \geqslant I_{dz0} \end{cases} \tag{2.51}$$

当输电线路内部发生短路故障时,如图 2.23 所示,根据克希荷夫第一定律(KCL)可知 $\dot{I}_M + \dot{I}_N = \dot{I}_K$,故有动作电流 $I_d = |\dot{I}_M + \dot{I}_N| = I_K$,即动作电流等于短路点故障电流;制动电流 $I_r = |\dot{I}_M - \dot{I}_N| = |\dot{I}_M + \dot{I}_N - 2\dot{I}_N| = |\dot{I}_K - 2\dot{I}_N|$,可见,此时,动作电流较大,而制动电流很小。如果线路两端电流幅值相等,相位相同的话,制动电流为零,即 $I_r = |\dot{I}_M - \dot{I}_N| = 0$,则工作点位于动作区,差动继电器动作。

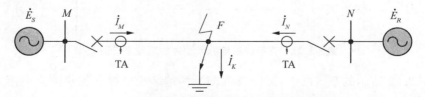

图 2.23 纵联电流差动保护线路内部故障示意图

当线路外部发生短路故障时,如图 2.24 所示,同样可知 $\dot{I}_M$ 和 $\dot{I}_N$ 的相位相反,流过线路 MN 的电流主要是穿越性故障电流 $\dot{I}_K$,忽略线路电容电流,有 $\dot{I}_M = \dot{I}_K$,$\dot{I}_N = -\dot{I}_K$,所以动作电流为 $I_d = |\dot{I}_M + \dot{I}_N| = |\dot{I}_K - \dot{I}_K| = 0$,制动电流为 $I_r = |\dot{I}_M - \dot{I}_N| = |\dot{I}_K - (-\dot{I}_K)| = 2I_K$,即动作电流等于零,制动电流为穿越性故障电流的两倍。可见,此时,工作点位于制动

区,差动继电器不动作。

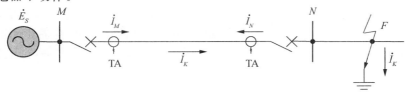

图 2.24 纵联电流差动保护线路外部故障示意图

综上所述,对于光纤纵联电流差动保护,可得结论:只要线路内部有电流流出,则流出电流即为动作电流;只要是穿越性电流,都只产生制动电流,不产生动作电流。

光纤纵联电流差动保护都是基于上述原理的。在工程实际中,利用纵联电流差动保护原理,可以构成多种线路纵联电流差动保护装置,常用的有稳态量分相差动、工频变化量分相差动及零序分相差动等。

（1）稳态量分相差动

稳态量分相纵联电流差动保护采用输电线路两端的相电流差动原理构成,其动作方程为:

$$\begin{cases} I_{d\varphi} = |\dot{I}_{M\varphi} + \dot{I}_{N\varphi}| \\ I_{r\varphi} = |\dot{I}_{M\varphi} - \dot{I}_{N\varphi}| \end{cases} \tag{2.52}$$

式中:φ 表示 A、B、C 相,其他符号含义同上。由于是按照相电流进行差动,即分相差动,所以自身就有选相功能。工程上通常将稳态量分相差动继电器做成两段式的,瞬时动作的 I 段和带延时的 II 段,且按照躲过线路电容电流进行整定,通常瞬时 I 段启动电流取线路电容电流的 4～6 倍考虑,延时 II 段取线路电容电流的 1.5 倍考虑。

（2）工频变化量分相差动

工频变化量分相纵联电流差动保护采用输电线路两端工频变化量的相电流差动原理构成,其动作方程为:

$$\begin{cases} \Delta I_{d\varphi} = |\Delta \dot{I}_{M\varphi} + \Delta \dot{I}_{N\varphi}| = |\Delta(\dot{I}_{M\varphi} + \dot{I}_{N\varphi})| \\ \Delta I_{r\varphi} = |\Delta \dot{I}_{M\varphi}| + |\Delta \dot{I}_{N\varphi}| \end{cases} \tag{2.53}$$

式中:φ 表示 A、B、C 相,Δ 表示变化量,其他符号含义同上。

所谓工频变化量是指抽取的工频电压或电流的变化量,在工程上,对于数字式继电保护方法来说,通过把当前采样得到的电气量减去历史上采样得到的电气量而得到,通常将当前电气量采样值减去以当前时刻为基准的前一个或前两个工频周波对应时刻的采样值后的值就是工频变化量采样值。

同样,工频变化量分相差动由于是按照相电流进行差动,即分相差动,其自身就有选相功能。工程上通常将工频变化量分相差动继电器做成比率制动特性,启动电流按照躲过线路电容电流进行整定,通常启动电流按线路电容电流的 4～6 倍考虑。

（3）零序差动

输电线路纵联零序电流差动保护采用输电线路两端的零序电流构成,其动作方程为:

$$\begin{cases} I_{d0} = |\dot{I}_{M0} + \dot{I}_{N0}| \\ I_{r0} = |\dot{I}_{M0} - \dot{I}_{N0}| \end{cases} \tag{2.54}$$

式中各电流为零序电流,其他符号含义同上。由于是按照零序电流进行差动,所以没有选相功能,其选相功能通常是通过稳态量分相差动保护的选相功能实现的。工程上常将纵联零序差动继电器做成比率制动特性,启动电流按照躲过线路零序电容电流及外部相间短路的稳态零序不平衡电流进行整定,通常启动电流取零序启动元件的零序启动电流定值。

在实际应用中,输电线路纵联保护的方法很多,并不局限于上述方法,对于其他方法可参阅设备制造厂商说明及相关参考资料。

2.5.2 电力变压器保护基本原理

在电力系统中,电力变压器是电力系统重要的主设备之一。在发电厂通过升压变压器将发电机电压升高,再由输电线路将发电机发出的电能送至电力系统中,随后,在变电站通过降压变压器再将电能送至配电网络,并分配给各用户取用。

在工程实际中,变压器保护主要包括:变压器差动保护及多种变压器后备保护、变压器差动保护通常作为变压器的主保护及其他保护作为变压器的后备保护。

2.5.2.1 变压器故障及异常

1) 变压器的故障

变压器故障可分内部故障和外部故障。

变压器内部故障指的是箱壳内部发生的故障,有绕组的相间短路故障、绕组的匝间短路故障、绕组与铁芯间的短路故障、变压器绕组引线与外壳发生的单相接地短路。此外,还有绕组的断线故障等。

变压器外部故障指的是箱壳外部引出线间的各种相间短路故障和引出线因绝缘套管闪络或破碎通过箱壳发生的单相接地短路等。

2) 变压器的异常运行方式

大型超高压变压器的不正常运行工况主要有过负荷、油箱漏油造成的油面降低、外部短路故障(接地故障和相间故障)引起的过电流等。

对于大容量变压器,因铁芯额定工作磁密与饱和磁密比较接近,所以当电压过高或频率降低时,容易发生过励磁。

此外,对于中性点不直接接地运行的变压器,可能出现中性点电压过高的现象;运行中的变压器油温过高(包括有载调压部分)以及压力过高的现象。

2.5.2.2 变压器纵差保护原理

变压器纵差保护的构成原理是基于克希荷夫第一定律(KCL)的,即:

$$\sum i = 0 \qquad (2.55)$$

式中:$\sum i$——变压器各侧电流的向量和。

式(2.55)代表的物理意义是:变压器正常运行或外部故障时,流入变压器的电流等于流出变压器的电流。此时,纵差保护不应动作。

当变压器内部故障时,若忽略负荷电流不计,则只有流进变压器的故障电流而没有流出变压器的故障电流,其纵差保护动作,切除变压器。

影响变压器差动保护的主要因素有以下几个方面:

(1) 变压器励磁涌流。

(2) 变压器两侧电流相位不同。

（3）计算变比与实际变比不同。

（4）两侧电流互感器型号不同。

（5）变压器带负荷调整分接头。

以上诸因素，在保护定值的处理时需要重点考虑，为了提高变压器差动保护的灵敏度，实用的变压器差动保护方法有：稳态比率差动、故障分量比率差动保护等。以下对常用的变压器差动原理进行简要介绍。

1）稳态比率差动保护

如图 2.25 所示(以双圈变压器为例，三圈变压器类似)，首先，规定电流互感器 TA 的正极性端在母线侧，电流参考方向由母线流向变压器为正方向。

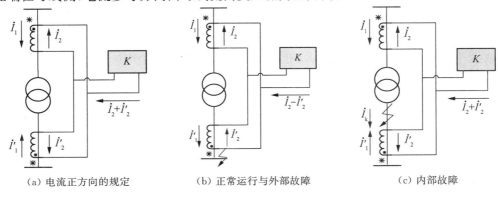

（a）电流正方向的规定　　　　（b）正常运行与外部故障　　　　（c）内部故障

图 2.25　变压器差动保护原理接线图

在变压器差动保护中，为提高内部故障状态下的动作灵敏度及可靠躲过外部故障的不平衡电流均采用具有比率制动特性曲线的差动元件，通常采用具有两段折线或三段折线的比率制动特性曲线。以三段折线的比率制动特性曲线为例，其特性曲线如图 2.26 所示。

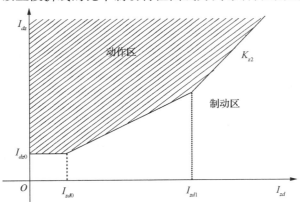

图 2.26　三折线组成的稳态量差动保护特性曲线

其差动保护的动作方程：

$$\begin{cases} I_{dz} \geqslant I_{dz0} & I_{zd} \leqslant I_{zd0} \\ I_{dz} \geqslant K_{z1}(I_{zd}-I_{zd0})+I_{dz0} & I_{zd0} < I_{zd} \leqslant I_{zd1} \\ I_{dz} \geqslant I_{dz0}+K_{z1}(I_{zd1}-I_{zd0})+K_{z2}(I_{zd}-I_{zd1}) & I_{zd} > I_{zd1} \end{cases} \tag{2.56}$$

式中：I_{dz}为差动电流，是各侧电流的相量和，I_{zd}为制动电流；差动方程为三折线式的方程，由三条直线方程组成，以I_{zd}的取值范围来划分，第一段直线的斜率通常取0（水平直线）或0.2（$I_{zd} \leq I_{zd0}$），第二段直线的斜率为K_{z1}，称为差动比例系数，是一个可变的定值（$I_{zd0} < I_{zd} \leq I_{zd1}$），第三段直线的斜率为$K_{z2}$（$I_{zd} > I_{zd1}$）。

三段式比率制动特性中，电流启动值是针对躲开正常运行时的不平衡电流而设定的，因此，其应当按照躲开最大负荷情况下的不平衡电流进行取值，通常取$I_{zd} = (0.2 \sim 0.5)I_N$。

使用三段式比率差动的特点就是反映了故障时的实际情况，在较小的外部故障的情况下，$I_{zd} = (2 \sim 3)I_N$，电流互感器饱和程度不深，误差还是较小的，这时允许选取较小的制动系数（$K_{z1} = 0.2 \sim 0.5$），这样相应地增加了动作区，在区内故障时提高了灵敏度。

在较严重的外部故障的情况下，可以选择较大的制动系数（$K_{z1} = 0.75$），这时电流互感器流过了很大的穿越性故障电流，互感器饱和程度加深，误差也随之增大，应当选择较大的制动系数，同时，在这种区内短路故障的情况下，差动电流远远大于制动电流，可以保证保护装置在区内故障时可靠动作。

（1）区内故障时差动保护动作分析

如图2.27所示，区内故障时，各侧短路电流都是由母线流向变压器，与各侧参考方向一致时为正值，所以差动电流：

$$I_d = |\dot{I}_1 + \dot{I}_2 + \dot{I}_3| \tag{2.57}$$

此时，差动电流很大，容易满足差动方程，差动保护动作。

（2）区外故障时差动保护动作分析

如图2.28所示，在低压母线上发生故障时，高、中压侧短路电流由母线流向变压器，与参考方向一致时为正值。低压侧电流由变压器流向母线，与参考方向相反，为负值。把变压器看成电路上的一个节点，由KCL定理可知，流入的电流等于流出的电流，即电流相量和为0，所以差动电流：

$$I_d = |\dot{I}_1 + \dot{I}_2 + \dot{I}_3| = 0$$

而此时制动电流为各侧电流的幅值和，制动电流很大，所以差动保护不动作。

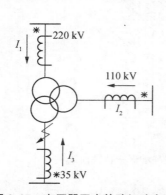

图2.27 变压器区内故障短路电流

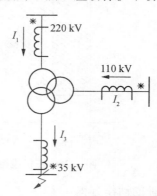

图2.28 变压器区外故障短路电流

2）故障分量比率差动保护

故障分量比率差动保护的原理与稳态量比率差动保护类似，其是以故障分量差动电流作为判别依据。所谓故障分量电流是由从故障后电流中减去负荷分量而得到的电流值,用 Δ 表示故障电流增量,即:$\Delta \dot{I}_i = \dot{I}_i - \dot{I}_{iL}$,下标 L 表示正常负荷电流分量,取一段时间前(通常两个周波)的计算值。

在故障分量差动保护中,ΔI_d 为故障分量差动电流,其值取各侧故障电流增量之和;ΔI_r 为故障分量制动电流,其值取各侧故障电流增量之和的一半,由此,则有:

差动电流:

$$\Delta I_d = \left| \sum_{i=1}^{n} \Delta \dot{I}_i \right|$$

制动电流:

$$\Delta I_r = \sum_{i=1}^{n} |\Delta \dot{I}_i| / 2$$

故障分量比率制动曲线为过原点的两折段曲线,如图 2.29 所示,差动条件(差动方程)为:

$$\begin{cases} \Delta I_d > \Delta I_{op.\min}, & \Delta I_r < \Delta I_{r.0} \\ \Delta I_d > k\Delta I_r, & \Delta I_r \geq \Delta I_{r.0} \end{cases} \quad (2.58)$$

其中:$\Delta I_{r.0}$——差动动作拐点;

$\Delta I_{op.\min}$——故障分量差动最小动作电流;

k——比率系数。

故障分量比率差动保护与传统比率差动相比,在忽略变压器各侧负荷电流之后,故障分量差动保

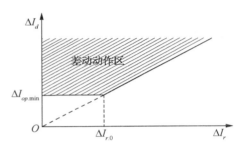

图 2.29 故障分量差动制动曲线

护原理与传统差动保护原理的差动电流在本质上相同,其不同主要表现在制动量上。在传统差动保护中,当发生内部轻微故障(如单相高阻抗接地或小匝间短路)时,制动电流主要由负荷电流 I_{iL} 决定,制动量大从而降低了灵敏度,然而,故障分量差动则由故障分量电流决定,去除了负荷电流的影响,提高了灵敏度。在发生外部故障时,制动电流主要取决于 ΔI_r,因此,故障分量差动保护与传统差动保护原理的制动电流是相当的,不会引起误动。

2.5.2.3 变压器后备保护

变压器后备保护大多是基于传统保护原理的,主要包括复合电压闭锁(方向)过流保护、零序方向过流保护、零序过流保护、间隙保护及断路器失灵保护等。

1)复合电压闭锁(方向)过流保护

变压器复合电压闭锁过流保护通常是作为变压器外部相间短路和变压器内部相间短路的后备保护,以防止误动作;变压器复合电压闭锁过流保护主要以变压器内、外部故障时电流、电压及功率方向故障量特征为判别依据,其主要由以下保护元件构成:

(1)过流元件

变压器复合电压闭锁过流保护各侧过流元件的电流取自本侧 CT,其动作判据为:

$$(I_A > I_{L.set}) \text{ 或 } (I_B > I_{L.set}) \text{ 或 } (I_C > I_{L.set})$$

其中:I_A、I_B、I_C 分别为 A、B、C 相电流,$I_{L.set}$ 为过流定值。

(2)复合电压元件

变压器复合电压闭锁过流保护的复合电压是指相间低电压或负序电压。

其动作判据为：

$$(U_{AB}>U_{LL.set})或(U_{BC}>U_{LL.set})或(U_{CA}>U_{LL.set})或(U_2>U_{2.set})$$

其中：U_{AB}、U_{BC}、U_{CA}——AB、BC、CA 相线电压；

$\qquad U_{LL.set}$——低电压定值；

$\qquad U_2$——负序电压；

$\qquad U_{2.set}$——负序电压定值。

（3）功率方向元件

变压器复合电压闭锁过流保护的方向元件采用的是正序电压，带有记忆性，近处三相短路时方向元件无死区。电流、电压回路采用 90°接线（即接入方向继电器的电流与电压夹角为 90°，如 I_A 与 U_{BC}，I_B 与 U_{CA}，I_C 与 U_{AB}）。

如图 2.30 所示，以电压为参考相位，固定在 0°角，观测电流的角度，当方向指向变压器时，最大灵敏角－45°。其动作判据为：$I_A \sim U_{BC}$，$I_B \sim U_{CA}$，$I_C \sim U_{AB}$ 三个夹角（电流落后电压时为正）中，其中任一夹角满足－135°＜φ＜45°，且与之对应的相电流大于过流定值时，则保护动作。

当方向指向母线（系统）时，最大灵敏角为 135°。其动作特性见图 2.30。

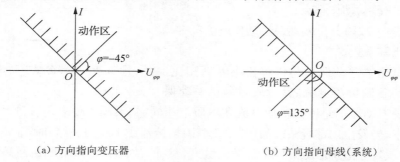

（a）方向指向变压器　　　　　　　　　（b）方向指向母线（系统）

图 2.30　功率方向元件动作特性

2）零序方向过流保护

电力变压器零序方向过流保护原理与输电线路的零序方向过流保护原理类似，其方向元件所采用的零序电流、零序电压为各侧自产的零序电流、零序电压。

（1）零序过流元件

变压器零序方向过流保护中，零序过流元件的电流选自产零序 $3\dot{I}_0=\dot{I}_A+\dot{I}_B+\dot{I}_C$，其动作判据为：

$$3I_0>I_{0L.set}$$

其中：$\dot{I}_A$、$\dot{I}_B$、$\dot{I}_C$ 为 A、B、C 相电流矢量，$I_{0L.set}$ 为零序过流定值。

（2）方向元件

变压器零序方向过流保护中，方向元件是以电压为参考向量，当方向指向变压器时，最大灵敏角为－90°；方向指向母线（系统）时，最大灵敏角为 90°（电流超前电压为负，滞后电压为正）。其动作特性见图 2.31。

变压器其他后备保护原理因篇幅所限略去。

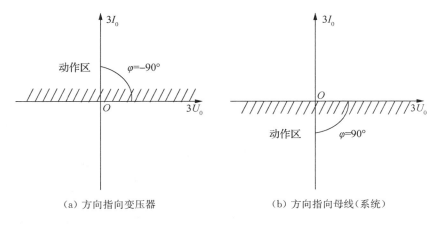

（a）方向指向变压器　　　　　　（b）方向指向母线（系统）

图 2.31　零序方向元件动作特性

2.5.3　电力系统自动装置基本原理

随着电力系统规模的日益增大,系统中所发生的故障,特别是一些系统性的重大故障将对电力系统的运行稳定性造成重大损害,进而导致电力用户因停电蒙受重大损失。虽然电力系统继电保护装置能够对电力系统中所发生的部分故障采取一定的保护措施,但是继电保护装置的保护仅是针对电力设备元件的,对于系统性的重大故障的保护并不十分完备,因此,电力系统自动装置作为电力系统继电保护与安全装置的补充与完善是十分必要的。

电力系统自动装置是为了保证电网安全稳定运行,保证电能质量,提高电网经济效益,实现电网运行操作的自动控制装置。目前,电力系统自动装置的种类繁多,主要包括发电机自动解并列同期装置、发电机自动励磁装置、电力系统频率及有功功率自动调节装置、电力系统自动低频减载装置、电力系统自动低压减载装置等。本书仅对实验教程所涉及的电力系统自动低频减载及自动低压减载的基本原理进行简单说明。

2.5.3.1　电力系统自动低频减载

1）电力系统的频率特性

根据电力系统的基本原理可知,电力系统频率反映了发电机组发出的有功功率与负荷所需有功功率之间的平衡状况。当电力系统中的电源（发电机组）发出的有功功率难以满足用户需求时,也就是发电机发出的有功功率总和与用户负荷有功功率总和出现差额时,系统频率就会偏离额定频率,当电源发出的有功功率小于用户负荷有功功率时,系统频率下降,反之,系统频率上升。

由电力系统稳态分析理论可知,在稳态条件下,电力系统频率是一个全系统一致的运行参数。电力系统频率 f 与发电机组转速 n 有如下关系：

$$f = \frac{pn}{60}$$

式中：f——系统频率；

p——发电机极对数；

n——发电机组每分钟转数。

假设系统中有 m 台发电机组，n 个负荷，发电机组原动机的功率为 $P_{Si}(i=1,\cdots,m)$，所发出的电功率为 $P_{Gi}(i=1,\cdots,m)$，负荷功率为 $P_{Lk}(k=1,\cdots,n)$，在稳态情况下，忽略机组内部损耗，则有：

$$\sum_{i=1}^{m} P_{Si} = \sum_{i=1}^{m} P_{Gi}$$

$$\sum_{i=1}^{m} P_{Gi} = \sum_{k=1}^{n} P_{Lk}$$

此时，系统处于功率平衡状态。

如果由于系统出现故障或其他状况，系统中的负荷突然变动，使得发电机组功率增加 ΔP_L，此时，机组功率小于负荷要求的电功率，要保持系统功率的平衡，机组只有把转子的部分动能转换为电功率，致使机组转速下降，其关系如下：

$$\sum_{i=1}^{m} P_{Si} = \sum_{i=1}^{m} P_{Gi} + \Delta P_L + \frac{\mathrm{d}}{\mathrm{d}t}\left(\sum_{i=1}^{m} W_{Ki}\right)$$

式中：W_{Ki}——发电机组动能。

可见系统频率的变化是由于原动机输入功率与发电机负荷功率之间失去平衡所致。负荷有功功率的变化将导致电力系统频率的变化。

当电力系统频率变化时，整个系统的有功负荷也将改变，即有：

$$P_L = F(f)$$

式中：P_L——系统的有功负荷。

上式表明，电力系统有功负荷随频率的变化而改变，这种特性称之为电力系统负荷的功率频率特性，即负荷的静态频率特性。

电力系统负荷的功率频率特性一般可表示为：

$$P_L = a_0 P_{LN} + a_1 P_{LN}\left(\frac{f}{f_N}\right) + a_2 P_{LN}\left(\frac{f}{f_N}\right)^2 + \cdots + a_n P_{LN}\left(\frac{f}{f_N}\right)^n \tag{2.59}$$

式中：P_L——系统运行频率为 f 时，整个系统的有功负荷；

$\quad\ f_N$——系统额定频率；

$\quad\ P_{LN}$——系统频率为额定值 f_N 时，整个系统的有功负荷；

$\quad\ a_0, a_1, \cdots, a_n$——为各类负荷占 P_{LN} 的比例系数。

上式称之为电力系统有功负荷的静态频率特性方程。由此方程可以看出，当发电机组的输入功率与负荷功率失去平衡时，系统负荷参与了系统频率的调节作用，称之为负荷的调节效应。负荷调节效应的大小可以用下式衡量：

$$K_{L*} = \frac{\mathrm{d}P_{L*}}{\mathrm{d}f_*}$$

式中：K_{L*}——负荷频率调节效应系数（标幺值）；

$\quad\ f_*$——系统频率的标幺值；

$\quad\ P_{L*}$——系统频率为 f_* 时，整个系统的有功负荷标幺值。

正常运行时，频率变化较小，系统有功负荷与频率的关系可以看成一条直线，因此，负荷频率调节效应系数可表示为：

$$K_{L^*} = \frac{\Delta P_{L^*}}{\Delta f_*}$$

式中：ΔP_{L^*}——单位时间内负荷有功功率变化量的标幺值；

Δf_*——单位时间内频率变化量的标幺值。

用有名值表示为：

$$K_L = \frac{\Delta P_L}{\Delta f}(\mathrm{MW/Hz}) \tag{2.60}$$

通过上述分析可知，电力系统的有功负荷与频率的关系特性可以用负荷的功率频率方程表征，是电力系统负荷的静态频率特性，负荷频率调节效应的大小由负荷频率调节效应系数决定。

根据电力系统自动装置原理可知，对于一个有许多发电机及负荷的电力系统来说，系统中的发电机都是同步运行的，当系统中出现功率缺额时，忽略各节点之间的频率差，可以将系统中的所有发电机组等值为一台发电机组；同样，系统中的所有负荷也可等值为一个负荷。基于系统等值的方法，电力系统频率变化时，等值机组的运动方程可表示为：

$$T_x \frac{\mathrm{d}\omega_*}{\mathrm{d}t} = P_{G^*} - P_{L^*} \tag{2.61}$$

式中：P_{G^*}，P_{L^*}——以系统发电机组总额定功率为基准的发电机组总功率与总负荷的标幺值；

T_x——等值机组惯性时间常数；

ω_*——等值机组的旋转角速度。

假设：

$$\Delta\omega_* = \frac{\omega_* - \omega_N}{\omega_N}, \Delta f_* = \frac{f_* - f_N}{f_N}$$

式中：ω_N，f_N——分别为系统等值机组的额定角速度和额定频率，其他符号含义同上。

则有：

$$\frac{\mathrm{d}\omega_*}{\mathrm{d}t} = \frac{\mathrm{d}\Delta\omega_*}{\mathrm{d}t} = \frac{\mathrm{d}\Delta f_*}{\mathrm{d}t} \tag{2.62}$$

将式(2.62)代入式(2.61)得：

$$T_x \frac{\mathrm{d}\Delta f_*}{\mathrm{d}t} = P_{G^*} - P_{L^*} \tag{2.63}$$

式(2.63)就是电力系统频率动态特性，其右端就是系统的功率缺额，表明系统的功率缺额与系统频率的变化率($\mathrm{d}\Delta f_* / \mathrm{d}t$)是直接相关的。

2）电力系统自动低频减载原理

在电力系统中，当发生系统短路故障时，特别是发生较大事故时，系统将出现严重的功率缺额，此时，即使令系统中运行的发电机组发出其可能提供的最大功率，仍难于满足负荷功率需求，所引起的系统频率下降值将超出系统安全运行所允许的范围。在这种情况下，从保障系统安全性的角度出发，为保证重要用户的供电，必须采取应急措施，切除部分负荷，使系统频率恢复到安全范围内。

电力系统自动低频减载（Automatic Under Frequency Load Shedding，AUFLS）装置是为防止发生上述事故的重要装置之一，当系统频率下降时，采取迅速切除不重要负荷的办法来抑制频率的下降，从而保障系统安全性，阻止事故的扩大。

根据电力系统负荷的功率-频率特性可知，当系统频率降低时，负荷将按照其自身的功率频率特性，减少了从系统中所取用的功率，使之与发电机组所发出的功率保持平衡，也就是系统负荷所减少的功率等于功率缺额。

假设，用 ΔP_h 表示功率缺额值，则由式（2.60）可得：

$$\Delta f = \frac{\Delta P_h}{K_L} \tag{2.64}$$

在实践应用中，K_L 大多使用标幺值 K_{L^*} 表示，则式（2.64）可表示为：

$$\Delta f = \frac{f_N \Delta P_h}{K_{L^*} P_{LN}} \tag{2.65}$$

式中符号含义同式（2.59）。

对于我国电力系统来说，系统频率 $f_N = 50$ Hz，则上式可写为：

$$\Delta f = \frac{50 \Delta P_h}{K_{L^*} P_{LN}} = \frac{\Delta P_h \%}{2 K_{L^*}} \tag{2.66}$$

式中：$\Delta P_h \%$——功率缺额的百分数。

当系统发生严重的功率缺额时，电力系统自动低频减载装置的主要任务就是迅速断开相应数量的有功负荷，使系统频率在不低于某个允许值的情况下，达到有功功率的平衡，确保电力系统的安全稳定运行，防止事故的扩大。

自动低频减载装置从根本上来说是按照系统最大功率缺额数值进行负荷切除的。一般情况下，当系统发生事故时，为了保证系统稳定性，通常并不要求系统频率恢复至额定值，恢复频率低于额定值，大约在 49.5～50 Hz 之间。

假设，自动低频减载装置可能切除的最大负荷功率为 $\Delta P_{L.\max}$，而系统最大功率缺额为 $\Delta P_{h.\max}$，则根据式（2.64）可得：

$$K_{L^*} \Delta f_* = \frac{\Delta P_{h.\max} - \Delta P_{L.\max}}{P_{LN} - \Delta P_{L.\max}} \tag{2.67}$$

$$\Delta P_{L.\max} = \frac{\Delta P_{h.\max} - K_{L^*} P_{LN} \Delta f_*}{1 - K_{L^*} \Delta f_*} \tag{2.68}$$

式中：Δf_*——系统额定频率与恢复频率 f_h 差值的标幺值，其他符号含义同上。

在式（2.68）中，要确定可能切除的最大负荷功率 $\Delta P_{L.\max}$，必须先确定系统最大功率缺额 $\Delta P_{h.\max}$，进而进行负荷切除。

由式（2.63）所示的电力系统动态频率特性可以看出，频率下降速度 $\mathrm{d}f_*/\mathrm{d}t$ 隐含了功率缺额信息，因此自动低频减载装置在设定动作频率的基础上，考虑频率下降速度 $\mathrm{d}f_*/\mathrm{d}t$ 进行分级动作，可以根据频率变化率的大小来决定切除的负荷量。频率变化率越高，切除的负荷量就越多；反之，频率变化率越小，切除的负荷量越小。

总之，上述基本原理是自动低频减载装置功能实现的基础。在实践应用中，各个厂商的自动低频减载装置在动作原理及参数整定方面会略有不同，具体请参阅装置的说明书。

2.5.3.2 电力系统自动低压减载

1) 电力系统的电压稳定及其特性

电力系统的稳定运行是保证为用户连续、可靠供电的前提。根据电力系统暂态分析理论可知,电力系统的稳定问题包括功角稳定和电压稳定。电力系统功角稳定问题经过人们的长期研究与实践,相关技术相对较为成熟,在此不再赘述。对于电力系统的电压稳定问题,国内外学者也进行了大量的研究工作,取得了许多重要成果。但是,近年来国内外发生的一系列重大电网安全事故表明,电压崩溃是导致电力系统失去稳定,并进而造成电网大面积停电事故的重要原因。

根据电力系统暂态分析理论,电力系统电压稳定的主要要求是保证系统的无功平衡,也就是系统中所有电源发出的无功功率在任何时候都要等于负荷所消耗的无功功率和系统损耗的无功功率之和。当系统中无功负荷大于无功出力时,系统电压就会下降;反之,系统电压就会上升。

在电力系统中,系统的无功电源主要包括发电机、同步调相机、静止电容器、静止补偿器等;无功功率损耗主要包括各级变压器及输电线路在传送电能时所消耗的无功。

对于同步发电机来说,发电机发出的有功功率与无功功率可分别表示如下:

$$P_G = U_G I_G \cos\theta = \frac{E_q U_G}{X_d}\sin\delta \tag{2.69}$$

$$Q_G = U_G I_G \sin\theta = \frac{E_q U_G}{X_d}\cos\delta - \frac{U_G^2}{X_d} \tag{2.70}$$

式中：E_q——同步发电机电势,即空载电压;

U_G——发电机定子端输出电压;

I_G——发电机定子端输出电流;

δ——发电机功角;

θ——发电机定子输出电压与电流之间的夹角。

式(2.70)就是发电机的无功-电压特性。从式(2.70)可以看出,发电机输出电压的平方与发电机输出的无功功率直接相关,其无功-电压特性曲线如图2.32所示。

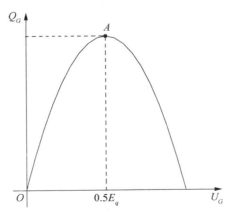

图2.32 同步发电机无功-电压特性曲线图

对于电力系统负荷来说,主要包括异步电动机负荷及恒定阻抗负荷。

异步电动机的无功功率由激磁电抗吸收的无功功率及定、转子漏抗吸收的无功功率构成,可用式(2.71)及式(2.72)表示。

异步电动机激磁无功功率 Q_m 为:

$$Q_m = \frac{U^2}{X_m} \tag{2.71}$$

式中: X_m——励磁电抗;

U——异步电动机的机端电压。

异步电动机定子和转子漏抗损耗的无功功率 Q_s 为:

$$Q_s = I_s^2 X_t \tag{2.72}$$

式中: X_t——定子与转子电抗之和;

I_s——异步电动机的机端电流。

对于恒定阻抗负荷,其无功功率为:

$$Q_z = I_z^2 X_z \tag{2.73}$$

式中: X_z——恒定阻抗负荷之电抗;

I_z——恒定阻抗负荷的电流。

电力系统负荷的无功-电压特性可表示为:

$$Q_L = Q_m + Q_s + Q_z \tag{2.74}$$

由式(2.74)可得到电力系统负荷的无功-电压特性曲线如图 2.33 所示。

根据电力系统的电源无功-电压特性及负荷无功-电压特性,可以确定电力系统静态无功-电压特性曲线如图 2.34 所示。图中 $Q_G(U)$ 为发电机无功-电压特性曲线, $Q_L(U)$ 为负荷无功-电压特性曲线,正常运行时,发电机无功功率与负荷无功功率相等,即稳定运行点为两条曲线的交点 A, A 点电压为额定电压 U_A,处于无功功率平衡状态;当发生事故时,系统的负荷无功功率增大,负荷无功-电压曲线变为 $Q_L'(U)$,新的稳定运行点为 C 点或 B 点。此时,若电源无功调节能够迅速调整,则运行点过渡到 C 点,达到新的无功功率平衡;如果电源无功功率调节速度无法适应负荷无功功率需求,则运行点会从 A 点向 B 点过度,电压进入不稳定区域并迅速跌落,导致电压崩溃。此时,可以切除部分负荷,使无功-电压特性曲线从 $Q_L'(U)$ 变回至 $Q_L(U)$,恢复至电压稳定运行点。

电力系统受到干扰后保持系统稳定的充分条件为:

$$\frac{\mathrm{d}}{\mathrm{d}U}(Q_G - Q_L) \leqslant 0 \tag{2.75}$$

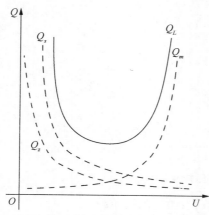

图 2.33　负荷无功-电压特性曲线图

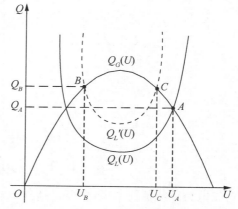

图 2.34　电力系统无功-电压特性曲线图

自动低压减载指的是在电力系统发生严重故障、运行电压跌落至失稳边缘时,通过切除部分负荷使系统电压恢复,同时保留足够的功率裕度。自动低压减载被认为是经济而有效的防止电压崩溃的紧急控制措施。

　　综上所述,在电力系统发生事故或异常情况下,根据电力系统无功-电压特性,自动低压减载装置通过监测电压的变化,进而进行负荷切除,可以迅速调整系统的无功平衡状态,避免电压崩溃,实现系统的稳定运行。

　　2)电力系统自动低压减载原理

　　由上一节所述的电力系统无功-电压特性(Q-V曲线)可知,电力系统在故障情况下,自动低压减载装置可以根据电压跌落的状况,切除部分负荷,使系统达到新的无功平衡点,避免电压崩溃。但是,自动低压减载装置要能够有效动作,必须合理地确定切除负荷量及动作轮次。目前常用的方法是根据系统遭受扰动后能够避开电压临界稳定点的原则来确定最佳切除负荷量。然而,上述方法是基于静态负荷模型的,考虑的因素并不完备。

　　目前,根据国内外电网运行的实际经验,自动低压减载装置的配置整定通常采用Q-V曲线与P-V曲线(有功-电压曲线)相结合的方式来规划切负荷方案。

　　对于自动低压减载装置,有必要从电力系统的有功-电压特性(P-V曲线)的角度进一步理解低压减载的作用。

　　假设有一个简单电力网络如图2.35所示,发电机G经一段输电线路向负荷供电,其中,发电机电压为$\dot{U}_G=U_G\angle 0$,负荷功率为$P+jQ$,负荷等效阻抗为$\dot{Z}_F=Z_F\angle\varphi$,$\varphi$为负荷功率因数角,负荷节点电压为$\dot{U}_F=U_F\angle\alpha$,电源与负荷之间的线路阻抗为$\dot{Z}_L=Z_L\angle\theta$,线路电流为$\dot{I}$。

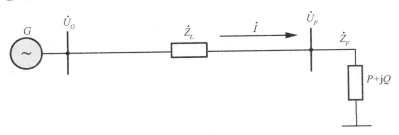

图 2.35　简单电力网络接线图

　　由图2.35可得:

$$\dot{I}=\dot{U}_F/\dot{Z}_F$$
$$U_G{}^2=U_F{}^2+Z_L{}^2I^2+2Z_L{}^2IU_F\cos(\theta-\varphi)$$

　　负荷节点电压为:

$$U_F=\frac{Z_FU_G}{Z_L\sqrt{1+\left(\dfrac{Z_F}{Z_L}\right)^2+2\left(\dfrac{Z_F}{Z_L}\right)\cos(\theta-\varphi)}} \tag{2.76}$$

　　负荷的有功功率为:

$$P=U_FI\cos\varphi=\frac{Z_F}{Z_L}\left(\frac{U_G}{Z_L}\right)^2\cos\varphi \tag{2.77}$$

由式(2.76)和式(2.77)可得负荷节点电压及其消耗的有功功率的关系 P-V 曲线,如图 2.36 所示。

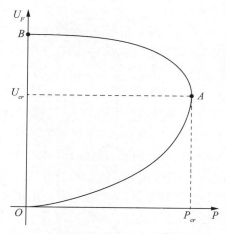

图 2.36 P-V 关系曲线图

图 2.36 中的 A 点为电压静态稳定临界点,其对应的负荷节点电压和有功功率分别为临界电压 U_{cr} 和临界功率 P_{cr}:

$$U_{cr}=\frac{U_G}{\sqrt{2[1+\cos(\theta-\varphi)]}} \tag{2.78}$$

$$P_{cr}=U_F I\cos\varphi=\frac{U_G{}^2\cos\varphi}{2Z_L[1+\cos(\theta-\varphi)]}=\frac{U_{cr}{}^2}{Z_L}\cos\varphi \tag{2.79}$$

在 P-V 关系曲线图中,系统正常运行时,处于 AB 段,为稳定运行区域;当负荷扰动增加时,运行点向 A 点移动,当负荷增加到足够大时,运行点将越过 A 点,进入 OA 段,此时,电压跌落,处于不稳定运行状况,直至电压崩溃。因此,临界点 A 是电压稳定的关键点。

当系统运行点越靠近 B 点,也就是越远离临界点 A 时,系统越稳定,系统的稳定裕度也越大。因此,考察 P-V 曲线上的运行点远离临界点 A 的程度可以判定系统的稳定裕度。

根据上述理论,可以由 P-V 曲线确定系统运行点与临界点 A 之间的有功功率差额,作为自动低压减载装置切除的最大负荷量,再结合 Q-V 曲线验证所切除的负荷无功功率是否满足无功裕度要求,从而最终确定自动低压减载装置所要切除的负荷量及动作轮次。

由于系统电压跌落速率 dU/dt 隐含了功率缺额的信息,所以,在实践应用中,通常将电压下降的速率(dU/dt)和电压水平都作为低压减载的动作依据。

在工程实际中,通常将自动低压减载与自动低频减载功能置于同一台装置中,构成所谓频率电压紧急控制装置或自动低频低压减载装置,且不同厂商的装置原理及参数配置会略有不同,具体请查阅相关厂商装置的技术说明书。

2.6 电力系统典型继电保护与自动装置

电力系统继电保护与自动装置种类繁多,各种保护装置依据其功能可以分为发电机保护、输电线路保护、变压器保护及其他各种保护装置;自动装置包括自动准同期装置、频率电压紧急控制装置、备用电源自投装置等。根据本书所涉及的实验内容,选取智能变电站常用的典型继电保护与自动装置设备,对主要装置工作原理作简要介绍,以便于读者的理解。

2.6.1 输电线路保护装置

2.6.1.1 PSL 601U/602U 系列线路保护装置(智能站)

PSL 601U、PSL 602U 系列继电保护装置是适用于智能数字化变电站的继电保护装置。该保护装置的设计引用了国网公司 Q/GDW 161—2007《线路保护及辅助装置标准化设计规范》标准,并全面支持 Q/GDW 441—2010《智能变电站继电保护技术规范》等规范。

1)保护适用范围

PSL 601U、PSL 602U 系列线路保护装置(智能站)可用作智能化变电站 220 kV 及以上电压等级输电线路的主、后备保护。该装置支持电子式互感器 IEC 61850-9-2 和常规互感器电气量的接入方式,支持 GOOSE 跳闸方式;装置满足电力行业通信标准 DL/T 667—1999 (IEC 60870-5-103)和新一代变电站通信标准 IEC 61850。

2)保护功能配置

PSL 601U、PSL 602U 系列线路保护装置根据具体型号的不同,其保护功能配置也是不同的。本教程所涉及的装置型号为 PSL602UM-I,其主保护为纵联距离保护,其他保护功能包括快速距离、三段式相间距离、三段式接地距离、两段定时限零序、反时限零序、自动重合闸等;纵联保护通道采用专用光纤通道,支持电子式互感器采样及 GOOSE 跳闸功能。

3)保护原理说明

(1)保护启动和整组复归

一般保护启动元件是用于启动故障处理功能和开放保护出口继电器的,要求启动元件在任何运行工况下发生故障都能够可靠启动。PSL 601U、PSL 602U 系列线路保护装置的启动元件一旦动作后,必须在故障平息或切除后,保护整组复归时才能返回。

(2)启动元件

PSL 601U、PSL 602U 系列线路保护装置以电流突变量启动元件为主,同时有零序电流启动元件、静稳破坏检测启动元件。

① 电流突变量启动元件

电流突变量启动元件的判据为:

$$\Delta i_{\varphi\varphi} > I_{QD} + K_{dz} \cdot \Delta I_{\varphi\varphi T} \tag{2.80}$$

或者

$$\Delta 3i_0 > I_{QD} + K_{dz} \cdot \Delta 3I_{0T} \tag{2.81}$$

其中：$\varphi\varphi$ 为 AB、BC、CA 三种相别，T 为 20 ms（50 Hz 系统，一个周期）；

$\Delta i_{\varphi\varphi}=|i_{\varphi\varphi}(t)-2\times i_{\varphi\varphi}(t-T)+i_{\varphi\varphi}(t-2T)|$，为相间电流瞬时值的突变量；

$\Delta 3i_0=|3i_0(t)-2\times 3i_0(t-T)+3i_0(t-2T)|$，为零序电流瞬时值的突变量；

I_{QD} 为电流突变量启动定值。

$\Delta I_{\varphi\varphi T}$、$\Delta 3I_{0T}$ 分别为相间电流、零序电流突变量浮动门槛，K_{dz} 为相间电流、零序电流浮动门槛整定系数，取 $K_{dz}=1.25$。

PSL 601U、PSL 602U 系列线路保护装置电流突变量启动元件能够自适应于正常运行和振荡期间的不平衡分量，因此，既有很高的灵敏度又不会频繁误启动。当任一电流突变量连续三次大于启动门槛时，则保护启动。

② 故障选相元件

PSL 601U、PSL 602U 系列线路保护装置采用的是突变量选相元件和序分量选相元件相结合的选相方案。为保证弱电源侧选相的灵敏度，突变量选相元件采用电流电压复合选相的原理。在故障初始阶段投入突变量选相元件，之后采用稳态的电流序分量选相元件。

PSL 601U、PSL 602U 系列线路保护装置选相元件的原理为：

A. 电压电流复合突变量选相元件

令：$\Delta_{\varphi\varphi}=|\Delta\dot{U}_{\varphi\varphi}-\Delta\dot{I}_{\varphi\varphi}\cdot Z|$，$\varphi\varphi$ 为相别，$\varphi\varphi=$ AB、BC、CA。

其中：$\Delta\dot{U}_{\varphi\varphi}$、$\Delta\dot{I}_{\varphi\varphi}$ 为相间回路电压、电流的突变量；Z 为阻抗系数，其数值根据距离保护或者纵联方向（距离）保护中的阻抗元件的整定值自动调整。

假设 $\Delta_{\max}$、$\Delta_{\min}$ 分别为 Δ_{AB}、Δ_{BC}、Δ_{CA} 中的最大值和最小值。

其选相方法如下：

当 $\Delta_{\min}<0.25\Delta_{\max}$ 时判定为单相故障，否则为多相故障。

单相故障时，若 $\Delta_{\min}=\Delta_{BC}$，判定为 A 相故障；若 $\Delta_{\min}=\Delta_{CA}$，判定为 B 相故障；若 $\Delta_{\min}=\Delta_{AB}$，判定为 C 相故障。

多相故障时，若 $0.25\Delta_{\max}<\Delta_{\min}<0.9\Delta_{\max}$ 时，判定为相间故障，其中突变量最大的一个相间回路即为故障回路，如 $\Delta_{\max}=\Delta_{BC}$ 选中 BC 相间故障；若 $\Delta_{\min}>0.9\Delta_{\max}$，判定为三相故障。

B. 电流序分量选相元件

输电线路发生故障时，对故障电流应用对称分量法进行分析，可知，只有在单相接地短路和两相接地短路时才同时存在零序电流分量和负序电流分量，而三相短路和两相相间短路均不出现零序电流，因此，可以根据有无零序电流来区分是三相短路或两相相间短路，还是单相接地短路或两相接地短路，然后再由零序电流与负序电流的相位关系确定具体的故障相别。

电流序分量选相元件是根据零序电流和负序电流之间不同的相位关系确定了三个选相区的，如图 2.37 所示，即：

A 区，$-60°<\arg(\dot{I}_0/\dot{I}_2)<60°$；

B 区，$60°<\arg(\dot{I}_0/\dot{I}_2)<180°$；

C 区, $-180° < \arg(\dot{I}_0/\dot{I}_2) < -60°$。

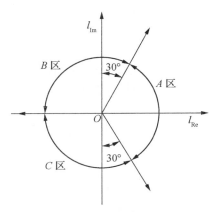

图 2.37　PSL 601U/602U 序分量分区选相特性

a. 若零序与负序故障电流相角差落入 A 区则可以确定为 A 相接地故障,或者 B、C 相接地故障。

b. 若零序与负序故障电流相角差落入 B 区则可以确定为 B 相接地故障,或者 C、A 相接地故障。

c. 若零序与负序故障电流相角差落入 C 区则可以确定为 C 相接地故障,或者 A、B 相接地故障。

确定故障选相分区后,利用对应回路的阻抗比较来区分单相故障和相间接地故障。以分区落入 A 区为例,若 Z_{BC} 落入辅助段阻抗范围且满足 $Z_{BC} < 1.25 Z_A$ 时判断为 B、C 相间接地故障,否则判断为 A 相接地故障。

③ 零序电流启动元件

为了防止远距离故障或经大电阻故障时电流突变量启动元件灵敏度不够的状况,PSL 601U、PSL 602U 系列线路保护装置设置了零序电流启动元件。零序电流启动元件在零序电流有效值大于零序电流启动定值并持续 30ms 后动作。

④ 静稳破坏检测元件

为了检测系统正常运行状态下发生静态稳定破坏而引起的系统振荡状况,PSL 601U、PSL 602U 系列线路保护装置设置了静稳破坏检测元件,其判据为:B、C 相间阻抗在具有全阻抗特性的阻抗辅助元件内持续 30ms 或 $I_A > 1.2 I_n$,并且 $U_1 \cos\varphi$ 小于 0.5 倍的额定电压时动作。当 PT 断线或者振荡闭锁功能退出时,该检测元件自动退出。

(3) 整组复归

PSL 601U、PSL 602U 系列线路保护装置在保护启动后,如果所有的故障测量元件都已返回,则延时 5s 后整组复归。此种情况一般用于区内或区外故障时,保护启动后,故障被成功切除后保护的迅速复归。

当区内故障保护跳闸后,若故障电流长期存在而无法消失,则保护装置在永久跳闸(简称永跳)后延时 5s 报告永跳失败事件,并强制装置整组复归。

当保护装置启动后,如果故障测量元件一直不返回,则满足以下任一条件后,保护强制整组复归：

① 若零序电流大于零序电流启动值超过 10s,报告 CT 不平衡事件,并强制整组复归,闭锁零序电流启动。

② 若相电流大于静稳破坏电流值超过 10s,报告过负荷告警事件,并强制整组复归。

③ 若任一回路的测量阻抗落在最末一段阻抗的全阻抗范围内超过 30 s,报告过负荷告警事件,若测量阻抗元件长期不返回,保护装置在运行 1 min 后强行整组复归。

（4）纵联保护

纵联保护作为全线速动保护,一般按保护原理可分为纵联方向保护（PSL 601U）、纵联距离保护（PSL 602U）。

PSL 601U 纵联方向保护的方向元件由能量积分方向元件和阻抗方向、零序方向共同构成。

PSL 602U 纵联距离保护的方向元件由阻抗方向、零序方向共同构成。

各方向元件均分为正方向元件和反方向元件两类,各方向元件之间以反方向优先的原则进行配合。

阻抗方向元件：

PSL 601U、PSL 602U 系列线路保护装置距离方向元件按回路分为 Z_{AB}、Z_{BC}、Z_{CA} 三个相间阻抗和 Z_A、Z_B、Z_C 三个接地阻抗。每个回路的阻抗又分为正向元件和反向元件。阻抗特性如图 2.38 所示。由全阻抗四边形与方向元件组成。当选相元件选中回路的测量阻抗在四边形范围内,而方向元件为正向时,判定正向故障;若方向元件为反向时,判定反向故障。方向元件采用正序方向元件。反方向阻抗特性的动作值自动取为 Z_{ZD} 的 1.25 倍,保证反方向元件比正方向元件灵敏。

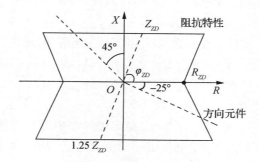

图 2.38   PSL601/602 纵联距离阻抗方向元件特性

零序方向元件：

PSL 601U、PSL 602U 系列线路保护装置距离保护零序方向元件设正、反两个方向元件。其中正方向元件动作范围为：

$$175° \leqslant \arg \frac{3\dot{U}_0}{3\dot{I}_0} \leqslant 325° \tag{2.82}$$

零序方向元件的电压门槛取为固定门槛（0.5 V）加浮动门槛,且具有零序电压补偿功能,在系统零序阻抗很小,零序电压小于 0.5 V 时也可以正确动作。

零序方向元件在合闸加速脉冲期间延时 100 ms 动作,在非全相运行时退出。

纵联保护通道:

PSL 601U、PSL 602U 系列线路保护装置的纵联保护可以与载波通道(专用或复用)、光纤通道、微波通道等各种通信设备连接,包括各种继电保护专用收发信机和复用载波机接口设备。常见的纵联保护通道有:与专用收发信机配合的高频通道、与复用载波机配合的载波通道、与光纤复接接口配合的光纤通道等。PSL 601U、PSL 602U 纵联保护可根据控制字选择允许式或闭锁式以用于合适的通道。

（5）距离保护

PSL 601U、PSL 602U 系列线路保护装置的距离保护按回路配置,设有 Z_{BC}、Z_{CA}、Z_{AB} 三个相间距离继电器和 Z_A、Z_B、Z_C 三个接地距离继电器。每个回路除了三段式距离外,还设有辅助阻抗元件,因此,共有 24 个距离继电器。在全相运行时 24 个继电器同时投入;非全相运行时则只投入健全相的距离继电器,例如:A 相断开时,只投入 Z_{BC} 和 Z_B、Z_C 回路的各段保护。

PSL 601U、PSL 602U 系列线路保护装置的相间、接地距离继电器主要由偏移阻抗元件、全阻抗辅助元件、正序方向元件构成,其中,接地距离继电器还有零序电抗器元件。

偏移阻抗元件 $Z_{PY\varphi}$:

PSL 601U、PSL 602U 系列线路保护装置距离保护的偏移阻抗元件是一种四边形(多边形)特性的阻抗继电器,如图 2.39,由距离阻抗定值 Z_{ZD}、电阻定值 R_{ZD}(接地距离 R_{ZD} 取为负荷限制电阻定值,而相间距离 R_{ZD} 取负荷限制电阻定值的一半)、线路正序阻抗角 φ_{ZD} 等三个定值即可确定其动作范围。电阻偏移门槛和电抗偏移门槛由保护自动生成。

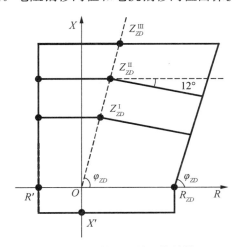

图 2.39 偏移阻抗元件特性

R 分量的偏移门槛取:

$$R' = \min(0.5R_{ZD}, 0.5Z_{ZD}) \tag{2.83}$$

式中含义:即取 $0.5R_{ZD}$,$0.5Z_{ZD}$ 的较小值。

X 分量的偏移门槛取值与额定电流 I_n 有关:

$$X' = \max(5/I_n\ \Omega, 0.25Z_{ZD}^{\text{I}})\tag{2.84}$$

即额定电流(二次电流)5 A时,取 1 Ω、0.25 倍距离阻抗定值的较大值。

即额定电流(二次电流)1 A时,取 5 Ω、0.25 倍距离阻抗定值的较大值。

PSL 601U、PSL 602U 系列线路保护装置距离保护偏移阻抗元件按Ⅰ、Ⅱ、Ⅲ段分别动作,是距离继电器的主要动作元件。偏移阻抗Ⅰ、Ⅱ段元件在动作特性平面第一象限右上角有下倾,是为了避免区外故障时可能的超越,接地距离的下倾角为 12°(即虚线下倾角为12°),相间距离的下倾角为 24°。为了使各段的电阻分量便于配合,本特性电阻侧的边界线的倾角与线路阻抗角 φ 相同,这样,在保护各段范围内,具有相同的耐故障电阻能力。

全阻抗辅助元件:

PSL 601U、PSL 602U 系列线路保护装置距离保护的全阻抗辅助元件是全阻抗性质的辅助阻抗元件,如图 2.40 所示,由距离Ⅲ段阻抗定值 $Z_{ZD}^{\text{Ⅲ}}$、距离电阻定值 R_{ZD}、线路正序阻抗角 φ_{ZD} 三个定值确定其动作范围。全阻抗辅助元件不作为故障范围判别动作的主要元件,是距离保护的辅助元件,应用于静稳破坏检测、故障选相、整组复归判断等功能。

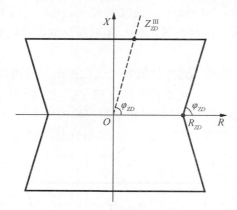

图 2.40　全阻抗辅助元件特性

正序方向元件 $F_{1\varphi}$:

PSL 601U、PSL 602U 系列线路保护装置距离保护的正序方向元件采用正序电压和回路电流进行比相。以 A 相正序方向元件 F_{1A} 为例,令 $\dot{U}_1 = 1/3(\dot{U}_A + \alpha\dot{U}_B + \alpha^2\dot{U}_C)$,式中:$\alpha$ 为算子,$\alpha = e^{j2\pi/3}$,正序方向元件 F_{1A} 的动作判据为:

$$-25° \leqslant \arg\left(\frac{\dot{U}_1}{\dot{I}_A + K3\dot{I}_0}\right) \leqslant 135°\tag{2.85}$$

式中:$\dot{I}_A$、$\dot{I}_0$——流过保护的 A 相电流、零序电流;

K——零序电流补偿系数。

正序方向的特点是引入了健全相的电压,因此,在输电线路出口处发生不对称故障时能够保证正确的方向性,但如果发生三相出口故障时,正序电压为零,则不能正确反映故障方向。为此,当三相电压都低时,采用记忆电压进行比相,并将方向固定。电压恢复后重新采用正序电压进行比相。

零序电抗器 $X_{0\varphi}$：

在两相短路经过渡电阻接地、双端电源线路单相经过渡电阻接地时，接地距离阻抗继电器可能会产生保护动作超越问题。所谓保护动作超越是指在线路发生短路故障时，由于各种原因，使得保护感受到的阻抗值比实际线路的短路阻抗值小，从而使得下一条线路出口短路(即区外故障)时，保护出现非选择性动作的现象，即所谓超越。为防止这种超越，可以采用零序电抗元件。因此，PSL 601U/602U 系列线路保护装置的接地距离还设有零序电抗继电器 X_0。X_0 的动作方程为(以 A 相零序电抗继电器 X_{0A} 为例，则动作方程中的 $\varphi=A$)：

$$180° \leqslant \arg\left[\frac{\dot{U}_\varphi - Z_{ZD}(\dot{I}_\varphi + K3\dot{I}_0)}{\dot{I}_0 e^{j\delta}}\right] \leqslant 360° \tag{2.86}$$

式中：φ——相别，$\varphi=A、B、C$；

$\dot{I}_\varphi、\dot{I}_0$——流过保护的该相电流及零序电流；

Z_{ZD}——阻抗整定值；

K——零序电流补偿系数；

$\dot{U}_\varphi$——该相电压；

δ——该相电压、电流夹角。

零序电抗器只用于接地距离Ⅰ、Ⅱ段。

接地距离：

PSL 601U、PSL 602U 系列线路保护装置接地距离保护的接地阻抗算法为：

$$Z_\varphi = \frac{\dot{U}_\varphi}{\dot{I}_\varphi + K_Z \cdot 3\dot{I}_0} \tag{2.87}$$

式中：φ——相别，$\varphi=A、B、C$；

$\dot{I}_\varphi、\dot{U}_\varphi、\dot{I}_0$——流过保护的该相电流、电压及零序电流；

K_Z——零序电流补偿系数。

PSL 601U、PSL 602U 系列线路保护装置的三段式接地距离保护动作特性由偏移阻抗元件 $Z_{PY\varphi}$、零序电抗元件 $X_{0\varphi}$ 和正序方向元件 $F_{1\varphi}$ 组成($\varphi=A，B，C$)，接地全阻抗辅助元件只是用于接地距离选相等功能。

PSL 601U、PSL 602U 系列线路保护装置接地距离保护的接地距离Ⅰ、Ⅱ段动作特性如图 2.41 所示，接地距离偏移阻抗Ⅰ、Ⅱ段，与正序方向元件 F_1(图中 F_1 虚线以上区域)和零序电抗继电器 X_0(图中 X_0 虚线以下区域，两条水平右下倾的虚线分别对应于接地距离Ⅰ、Ⅱ段的零序电抗器特性)共同组成接地距离Ⅰ、Ⅱ段动作区。接地距离Ⅲ段动作特性如图 2.43 的黑实线所示，接地距离偏移阻抗Ⅲ段，与正序方向元件 F_1(图中 F_1 虚线以上区域)共同组成接地距离Ⅲ段动作区。其中，阻抗定值 Z_{ZD} 按段分别整定，电阻分量定值 R_{ZD} 三段均取负荷限制电阻定值，灵敏角 φ_{ZD} 三段公用一个定值。偏移门槛根据 R_{ZD} 和 Z_{ZD} 自动调整。

相间距离：

PSL 601U、PSL 602U 系列线路保护装置相间距离保护的相间阻抗算法为：

$$Z_{\varphi\varphi} = \dot{U}_{\varphi\varphi} / \dot{I}_{\varphi\varphi} \tag{2.88}$$

式中：$\varphi\varphi$——相别，$\varphi\varphi=AB、BC、CA$；

$\dot{U}_{\varphi\varphi}$——相间电压；

$\dot{I}_{\varphi\varphi}$——相间回路电流。

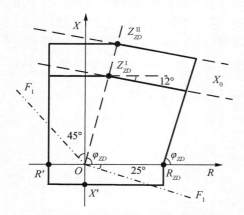

图 2.41　接地距离Ⅰ、Ⅱ段动作特性

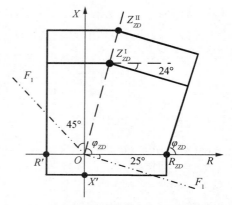

图 2.42　相间距离Ⅰ、Ⅱ段动作特性

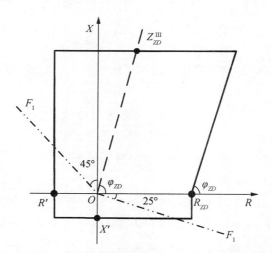

图2.43　接地距离Ⅲ段、相间距离Ⅲ段动作特性

三段式的相间距离由偏移阻抗元件 $Z_{PY\varphi\varphi}$ 和正序方向元件 $F_{1\varphi\varphi}$ 组成（$\varphi\varphi=BC、CA、AB$），相间全阻抗辅助元件只是用于相间距离选相等功能。

PSL 601U、PSL 602U 系列线路保护装置相间距离保护的相间距离Ⅰ、Ⅱ段动作特性如图 2.42 的粗实线所示，由相间偏移阻抗Ⅰ、Ⅱ段，与正序方向元件 F_1（图中 F_1 虚线以上区域）共同组成相间距离Ⅰ、Ⅱ段动作区。相间距离Ⅲ段动作特性与接地距离Ⅲ段相似，如图 2.43。阻抗定值 Z_{ZD} 按段分别整定，电阻分量定值 R_{ZD} 三段均取负荷限制电阻定值的一半，灵敏角 φ_{ZD} 三段共用一个定值，偏移门槛根据 R_{ZD} 和 Z_{ZD} 的取值自动调整。

（6）零序保护

PSL 601U、PSL 602U 系列线路保护装置设有两段定时限（零序Ⅱ段和Ⅲ段）和一段反时限零序电流保护。

两段定时限功能的投退受"零序电流保护"控制字的控制,零序反时限功能受"零序反时限"控制字的控制。

零序Ⅱ段保护和零序反时限保护固定带方向,零序Ⅲ段可以通过控制字选择是否带方向。

输电线路非全相运行期间零序Ⅱ段和零序反时限均退出,仅保留零序Ⅲ段作为非全相运行期间发生不对称故障的总后备保护。非全相运行期间零序Ⅲ段的动作时间比整定定值缩短 0.5s,若整定值小于 0.5s,则动作时间按整定值选取,非全相期间零序Ⅲ段自动不带方向。在合闸加速期间,零序Ⅱ段、Ⅲ段和零序反时限均退出,仅投入零序加速段保护。

零序反时限保护采用 IEC 标准反时限特性:

$$t = \frac{0.14 T_p}{\left(\dfrac{I_0}{I_p}\right)^{0.02} - 1} \tag{2.89}$$

式中:T_p——零序反时限时间;

I_p——零序反时限电流定值;

I_0——零序故障电流;

t——跳闸时间。

4)保护动作逻辑

(1)零序保护动作逻辑

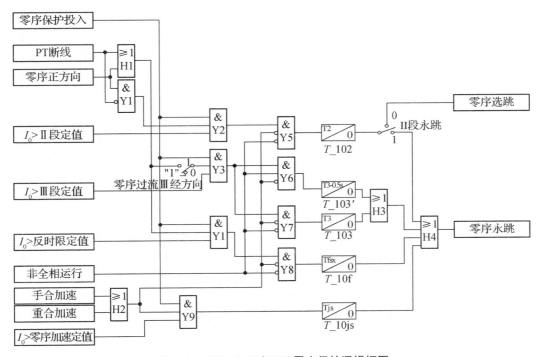

图 2.44 PSL 601U/602U 零序保护逻辑框图

（2）距离保护动作逻辑

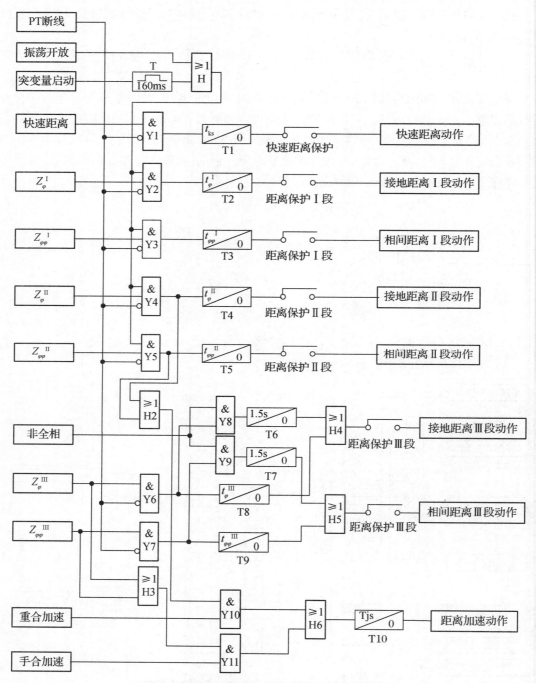

图 2.45　PSL 601U/602U 距离保护动作逻辑图

2.6.1.2 PSL 603U 系列线路保护装置(智能站)

PSL 603U 系列线路保护装置为适用于智能数字化变电站的继电保护装置。保护的设计标准引用了国网公司 Q/GDW 161—2007《线路保护及辅助装置标准化设计规范》,并全面支持 Q/GDW 441—2010《智能变电站继电保护技术规范》等规范。

1)保护适用范围

PSL 603U 系列线路保护装置(智能站)可用作智能化变电站 220 kV 及以上电压等级输电线路的主、后备保护。装置支持电子式互感器 IEC 61850-9-2 和常规互感器接入方式,支持 GOOSE 跳闸方式;装置满足电力行业通信标准 DL/T 667—1999(IEC 60870-5-103)和新一代变电站通信标准 IEC 61850。

2)保护功能配置

PSL 603U 系列线路保护装置根据具体型号的不同,其保护功能配置也是不同的。本教程所涉及的装置型号为 PSL603U-I,其保护功能包括纵联电流差动、快速距离、三段式相间距离、三段式接地距离、零序方向过流、零序反时限过流、三相不一致及自动重合闸等保护。纵联保护通道采用专用光纤通道,支持电子式互感器采样及 GOOSE 跳闸功能。

3)保护原理说明

(1)保护启动和整组复归

PSL 603U 系列线路保护装置的保护启动元件特性与 PSL 601U、PSL 602U 系列线路保护装置一样,即启动元件一旦动作后,须在故障平息后,保护整组复归时才能返回。

(2)启动元件

PSL 603U 系列线路保护装置保护启动元件以电流突变量启动元件为主,同时具有零序电流启动元件、静稳破坏检测启动元件等。对于 PSL 603U 纵联电流差动保护,还增加有弱馈启动元件、TWJ 辅助启动元件(TWJ 为跳闸位置继电器)。

① 电流突变量启动元件

PSL 603U 系列线路保护装置的电流突变量启动判据为:

$$\Delta i_{\varphi\varphi} > I_{QD} + 1.25 \cdot \Delta I_{\varphi\varphi T} \tag{2.90}$$

或者

$$\Delta 3i_0 > I_{QD} + 1.25 \cdot \Delta 3I_{0T} \tag{2.91}$$

其中:$\varphi\varphi$ 为 AB、BC、CA 三种相别,T 为 20 ms(50 Hz 系统,一个周期);

$\Delta i_{\varphi\varphi} = |i_{\varphi\varphi}(t) - 2 \times i_{\varphi\varphi}(t-T) + i_{\varphi\varphi}(t-2T)|$,为相间电流瞬时值的突变量;

$\Delta 3i_0 = |3i_0(t) - 2 \times 3i_0(t-T) + 3i_0(t-2T)|$,为零序电流瞬时值的突变量;

I_{QD} 为电流突变量启动定值。$\Delta I_{\varphi\varphi T}$、$\Delta 3I_{0T}$ 分别为相间电流、零序电流突变量浮动门槛。电流突变量启动元件能够自适应于正常运行和振荡期间的不平衡分量,因此既有很高的灵敏度而又不会频繁误启动。当任一电流突变量连续三次大于启动门槛时,则保护启动。

② 零序电流启动元件

PSL 603U 系列线路保护装置的零序电流启动元件是为了防止远距离故障或经大电阻故障时电流突变量启动元件灵敏度不够而设置的。该元件在零序电流有效值大于零序电流启动定值并持续 30ms 后动作。

③ 静稳破坏检测元件

PSL 603U 系列线路保护装置的静稳破坏检测元件是为了检测系统正常运行状态下发生静态稳定破坏而引起的系统振荡而设置的。该元件判据为：B、C 相间阻抗在具有全阻抗特性的阻抗辅助元件内持续 30ms 或 $I_a > 1.2I_n$，并且 $U_1 \cos\varphi$ 小于 0.5 倍的额定电压。当 PT 断线或者振荡闭锁功能退出时，该检测元件自动退出。

④ 弱馈启动元件

PSL 603U 系列线路保护装置的弱馈启动元件在纵联电流差动保护中，用于弱馈侧和高阻故障的辅助启动元件，其中，增加了电压突变量动作判据，是为了可靠地区分故障和 CT 断线。同时满足以下三个条件时保护动作：

第一，相差动电流或零序差动电流大于差动电流门槛（定义见后述）；

第二，相电压或相间电压小于 90% 额定电压或零序电压突变量；

第三，对侧保护装置启动。

⑤ TWJ 启动元件

PSL 603U 系列线路保护装置的 TWJ（跳闸位置继电器）启动元件在纵联电流差动保护中，作为手动合于故障或空充线路，且一侧启动另一侧不启动时，则未合侧保护装置的启动元件同时满足以下三个条件时保护动作：

第一，相差动电流或零序差动电流大于差动电流门槛（定义见后述）；

第二，有三相 TWJ；

第三，对侧保护装置启动。

（3）整组复归

在 PSL 603U 系列线路保护装置中，当保护启动后，如果所有的故障测量元件都已返回，则延时 5s 后装置整组复归。此种情况一般用于区内或区外故障时，保护启动后，故障被成功切除后的保护迅速复归。

当区内故障保护跳闸后，若故障电流长期存在无法消失，则保护装置在永跳后延时 5s 报告永跳失败事件，并强制整组复归。

当保护装置启动后，如果故障测量元件一直不返回，则满足以下任一条件后，保护强制整组复归：

① 零序电流大于零序电流启动值超过 10s，报告 CT 不平衡事件，并强制整组复归，闭锁零序电流启动；

② 相电流大于静稳破坏电流值超过 10s，报告过负荷告警事件，并强制整组复归；

③ 任一回路的测量阻抗落在最末一段阻抗的全阻抗范围内超过 30s，报告过负荷告警事件，若测量阻抗元件长期不返回，保护装置在运行 1min 后强行整组复归。

（4）故障选相元件

PSL 603U 系列线路保护装置采用突变量选相元件和序分量选相元件相结合的选相方案。其选相的主要原理如下：

① 电压电流复合突变量选相元件

令 $\Delta_{\varphi\varphi} = |\Delta\dot{U}_{\varphi\varphi} - \Delta\dot{I}_{\varphi\varphi} \cdot Z|$，$\varphi\varphi$ 为相别，$\varphi\varphi =$ AB、BC、CA。

其中：$\Delta \dot{U}_{\varphi\varphi}$、$\Delta \dot{I}_{\varphi\varphi}$为相间回路电压、电流的突变量；$Z$为阻抗系数，其值根据距离保护或者纵联方向（距离）保护中的阻抗元件的整定值自动调整。

PSL 603U系列线路保护装置电压电流复合突变量选相元件选相方法与PSL601U/602U保护装置的电压电流复合突变量选相元件选相方法一样，参见PSL601U/602U相关部分。

② 电流序分量选相元件

PSL 603U系列线路保护装置的电流序分量选相原理与PSL 601/602U保护装置的选相原理相同。

PSL 603U系列线路保护装置的电流序分量选相元件根据零序电流和负序电流之间不同的相位关系确定了三个选相区，如图2.46所示，即：

A区，$-60°<\arg(\dot{I}_0/\dot{I}_2)<60°$；

B区，$60°<\arg(\dot{I}_0/\dot{I}_2)<180°$；

C区，$-180°<\arg(\dot{I}_0/\dot{I}_2)<-60°$。

a. 若零序与负序故障电流相角差落入A区则可以确定为A相接地故障，或者B、C相接地故障；

b. 若零序与负序故障电流相角差落入B区则可以确定为B相接地故障，或者C、A相接地故障；

c. 若零序与负序故障电流相角差落入C区则可以确定为C相接地故障，或者A、B相接地故障。

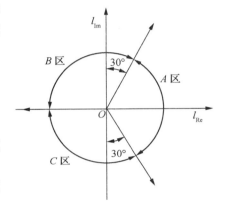

图2.46 序分量分区选相图

确定故障选相的分区后，就可以利用对应回路的阻抗比较来区分单相故障和相间接地故障。以分区落入A区为例，若Z_{BC}落入辅助段阻抗范围且满足$Z_{BC}<1.25Z_A$时判断为B、C相间接地故障，否则判断为A相接地故障。

（5）振荡闭锁开放元件

PSL 603U系列线路保护装置在电流突变量启动元件启动150ms内，距离保护短时开放。在突变量启动150ms后或者零序电流辅助启动、静稳破坏启动后，保护程序进入振荡闭锁。在振荡闭锁期间，距离Ⅰ、Ⅱ段要在振荡闭锁开放元件动作后才投入。

（6）纵联电流差动保护

PSL 603U系列线路保护装置的纵联电流差动保护中设有"纵联差保护"压板及"纵联差保护"控制字，只有在两侧"纵联差保护"屏上硬压板及软压板定值都投入且"纵联差动保护"控制字置"1"时，纵联差动继电器才投入。

常规电流差继电器包括三种电流差动继电器：变化量相差动继电器、稳态相差动继电器和分相零序差动继电器。PSL 603U系列线路保护装置的电流差动继电器特性如下：

① 变化量相差动继电器

A. 动作方程

$$\begin{cases} \Delta I_{op \cdot \varphi} > 0.8 \cdot \Delta I_{re \cdot \varphi} \\ \Delta I_{op \cdot \varphi} > I_{mk}^{H} \end{cases} \qquad \varphi = A, B, C \qquad (2.92)$$

B. 参数说明

a. $\Delta I_{op \cdot \varphi}$ 为变化量相差动电流,取值为两侧相电流变化量矢量和的幅值:$|\Delta \dot{I}_{m \cdot \varphi} + \Delta \dot{I}_{n \cdot \varphi}|$;

b. $\Delta I_{re \cdot \varphi}$ 为变化量相制动电流,取值为两侧相电流变化量矢量差的幅值:$|\Delta \dot{I}_{m \cdot \varphi} - \Delta \dot{I}_{n \cdot \varphi}|$;

c. I_{mk}^{H} 为变化量差动继电器的动作门槛:

ⅰ)当"电流补偿"控制字置"1",取值为 $2.5\max\left(I_{cp}, \dfrac{U_n}{X_C}, I_{dz}\right)$;

ⅱ)当"电流补偿"控制字置"0",取值为 $2.5\max(I_{cp}, I_{dz})$;

d. U_n 为二次额定电压(57.7 V)I_n 为二次额定电流值(1 A 或 5 A);

e. I_{cp} 为线路实测电容电流,由正常运行时未经补偿的稳态差流获得;

f. X_C 为线路正序容抗,X_L 为线路并联电抗,I_{dz} 为差动动作电流定值。

② 稳态相差动继电器

A. 动作方程

a. 稳态Ⅰ段相差动继电器

$$\begin{cases} I_{op \cdot \varphi} > 0.8 \cdot I_{re \cdot \varphi} \\ I_{op \cdot \varphi} > I_{mk}^{H} \end{cases} \qquad \varphi = A, B, C \qquad (2.93)$$

b. 稳态Ⅱ段相差动继电器(经 40 ms 延时动作)

$$\begin{cases} I_{op \cdot \varphi} > 0.6 \cdot I_{re \cdot \varphi} \\ I_{op \cdot \varphi} > I_{mk}^{M} \end{cases} \qquad \varphi = A, B, C \qquad (2.94)$$

B. 参数说明

a. $I_{op \cdot \varphi}$ 为稳态差动电流,取值为两侧稳态相电流矢量和的幅值:$|\dot{I}_{m \cdot \varphi} + \dot{I}_{n \cdot \varphi}|$;

b. $I_{re \cdot \varphi}$ 为稳态制动电流,取值为两侧稳态相电流矢量差的幅值:$|\dot{I}_{m \cdot \varphi} - \dot{I}_{n \cdot \varphi}|$;

c. I_{mk}^{M} 为稳态相差动继电器Ⅱ段动作门槛:

ⅰ)当"电流补偿"控制字置"1",取值为:

$$1.5 \cdot \max\left(I_{cp}, \dfrac{U_n}{X_C} - \dfrac{U_n}{X_L}, I_{dz}\right);$$

ⅱ)当"电流补偿"控制字置"0",取值为 $1.5\max(I_{cp}, I_{dz})$;

d. 上述式中参数 U_n、I_{cp}、X_C、X_L、I_{dz}、I_{mk}^{M} 定义同上。

③ 分相零序差动继电器

A. 动作方程

$$\begin{cases} I_{op \cdot 0} > 0.8 \cdot I_{re \cdot 0} \\ I_{op \cdot 0} > I_{mk}^{L} \\ I_{op \cdot \varphi} > 0.2 \cdot I_{re \cdot \varphi} \\ I_{op \cdot \varphi} > I_{mk}^{L} \end{cases} \qquad (2.95)$$

B. 参数说明

a. $I_{op \cdot 0}$ 为零序差动电流,取值为两侧自产零序电流矢量和的幅值:$|\dot{I}_{m \cdot 0} + \dot{I}_{n \cdot 0}|$;

b. $I_{re \cdot 0}$ 为零序制动电流,取值为两侧自产零序电流矢量差的幅值:$|\dot{I}_{m \cdot 0} - \dot{I}_{n \cdot 0}|$;

c. I_{mk}^L 为零序差动继电器动作门槛，取值为 $\max(I_{cp}, I_{dz})$；

d. 上述式中参数 I_{cp}, I_{dz}、$I_{op \cdot \varphi}$、$I_{re \cdot \varphi}$ 定义同上。

C. 其他说明

a. 分相零序差动继电器只在单相接地故障时投入，动作延时为 100ms；

b. 当差流选相元件拒动时，延时 250ms 三相跳闸。

（7）快速距离保护

PSL 603U 保护装置设有两种不同原理的快速距离继电器，即波形比较法和突变量距离法，任何一个继电器动作后快速距离保护动作。快速距离保护可快速切除长线近端发生的故障。

① 波形比较法距离继电器原理

PSL 603U 系列线路保护装置的快速距离保护，采用了基于波形识别原理的快速算法，能够通过故障电流的波形实时估计噪声的水平，并据此自动调整动作门槛，提高了保护的动作速度。其原理如下：

由故障电流的采样值组成的矩阵为：

$$\boldsymbol{X} = [i_0, i_1, i_2, \cdots, i_k]^{\mathrm{T}}$$

设 f 为系统额定频率，$\theta = 2\pi f$，根据最小二乘滤波算法，组成滤波系数矩阵 A：

$$\boldsymbol{A} = \begin{bmatrix} \cos(0), \sin(0) \\ \cos(\theta), \sin(\theta) \\ \vdots \\ \cos(k\theta), \sin(k\theta) \end{bmatrix}$$

假设待计算的电流向量的实部和虚部所组成的矩阵为 I，$I = [I_s, -I_c]^{\mathrm{T}}$，其中：$I_s$ 为电流向量虚部，I_c 为电流向量实部。由最小二乘滤波算法可以得出在短数据窗算法下电流向量的计算公式为：$I = (A^{\mathrm{T}} \cdot A)^{-1} \cdot A^{\mathrm{T}} \cdot X$，即可计算得到 I，实际也就得到了电流向量 $\dot{I}$；同理，可以获得电压的向量 $\dot{U}$。据此，可以得到短数据窗算法下保护测量阻抗为：$\dot{Z} = \dot{U} / \dot{I}$。

当 $|\dot{Z}| < Z_{set}$ 时，保护装置动作（Z_{set} 为快速距离的阻抗定值）。理论上该算法在故障起始时刻的三个采样点之后就能够计算出故障阻抗，从而构成快速距离保护。但算法的精度与数据窗的长度以及故障后系统暂态谐波的大小有关。在谐波比较小的情况下，很短的数据窗就能精确地测量出故障阻抗；谐波比较大时，则需较长的数据窗才能精确测量出故障阻抗。

② 突变量距离继电器原理

根据电路理论中的叠加原理，短路故障状态可分解为故障前负荷状态和故障附加状态。突变量距离继电器直接反映了补偿电压的幅值变化。对于 PSL 603U 系列线路保护装置，其突变量距离继电器的动作方程为：

$$|\Delta\dot{U}'| > U_{set} \tag{2.96}$$

相间故障时：

$$\Delta\dot{U}' = \Delta\dot{U}_{\varphi\varphi} - \Delta\dot{I}_{\varphi\varphi} \cdot Z_{set} \qquad (\varphi\varphi = \mathrm{AB, BC, CA})$$

接地故障时：

$$\Delta\dot{U}' = \Delta\dot{U}_{\varphi} - (\Delta\dot{I}_{\varphi} + K_Z \cdot 3\dot{I}_0)Z_{set} \qquad (\varphi = \mathrm{A, B, C})$$

其中，$\Delta \dot{U}'$ 为补偿电压的故障分量；$\Delta \dot{U}_{\varphi\varphi}$、$\Delta \dot{I}_{\varphi\varphi}$ 分别为相间电压、电流的故障分量；$\Delta \dot{U}_{\varphi}$、$\Delta \dot{I}_{\varphi}$ 分别为相电压、线电流的故障分量；K_Z 为零序补偿系数；Z_{set} 的取值同波形比较法快速距离；U_{set} 为装置内部固定的动作门槛电压值，由于突变量距离功能在该装置中仅保护线路出口严重故障的情况，因此该门槛的值较高。

（8）距离保护

PSL 603U 系列线路保护装置的距离保护按回路配置，设有 Z_{BC}、Z_{CA}、Z_{AB} 三个相间距离继电器和 Z_A、Z_B、Z_C 三个接地距离继电器。每个回路除了三段式距离外，还设有辅助阻抗元件，因此，共有 24 个距离继电器。在全相运行时 24 个继电器同时投入；非全相运行时则只投入健全相的距离继电器，例如 A 相断开时只投入 Z_{BC} 和 Z_B、Z_C 回路的各段保护。

① 距离保护主要元件

PSL 603U 系列线路保护装置的相间、接地距离继电器主要由偏移阻抗元件、全阻抗辅助元件、正序方向元件构成，其中接地距离继电器含有零序电抗器元件。

偏移阻抗元件 $Z_{PY\varphi}$：

PSL 603U 系列线路保护装置的偏移阻抗元件是一种四边形（多边形）特性的阻抗继电器，如图 2.47，由距离阻抗定值 Z_{ZD}、电阻定值 R_{ZD}（接地距离 R_{ZD} 取为负荷限制电阻定值，而相间距离 R_{ZD} 取负荷限制电阻定值的一半）、线路正序阻抗角 φ_{ZD} 三个定值即可确定其动作范围。电阻偏移门槛和电抗偏移门槛由保护自动生成。

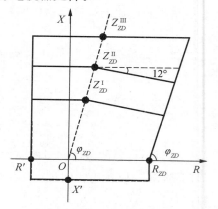

R 分量的偏移门槛取值如下：

$$R' = \min(0.5R_{ZD}, 0.5Z_{ZD}) \qquad (2.97)$$

式中含义：即取 $0.5R_{ZD}$，$0.5Z_{ZD}$ 的较小值。

X 分量的偏移门槛取值与额定电流 I_n 有关：

$$X' = \max(5/I_n \ \Omega, 0.25Z_{ZD}^{\mathrm{I}}) \qquad (2.98)$$

图 2.47 偏移阻抗元件特性

即额定电流 5 A 时（互感器二次侧电流），取 1 Ω、0.25 倍距离阻抗定值的较大值。

即额定电流 1 A 时（互感器二次侧电流），取 5 Ω、0.25 倍距离阻抗定值的较大值。

PSL 603U 系列线路保护装置的偏移阻抗元件按 I、II、III 段分别动作，是距离继电器的主要动作元件。偏移阻抗 I、II 段元件在动作特性平面第一象限右上角有下倾，是为了避免区外故障时可能的超越，接地距离的下倾角为 12°，相间距离的下倾角为 24°。为了使各段的电阻分量便于配合，本特性电阻侧的边界线的倾角与线路阻抗角 φ 相同，这样，在保护各段范围内，具有相同的耐故障电阻能力。

全阻抗辅助元件：

PSL 603U 系列线路保护装置全阻抗辅助元件是全阻抗性质的辅助阻抗元件，如图 2.48，由距离 III 段阻抗定值 Z_{ZD}^{III}、距离电阻定值 R_{ZD}、线路正序阻抗角

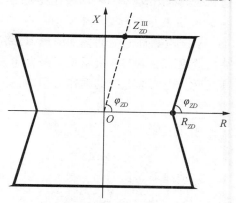

图 2.48 全阻抗辅助元件特性

φ_{ZD} 三个定值确定其动作范围。全阻抗辅助元件不作为故障范围判别动作的主要元件,是距离保护的辅助元件,应用于静稳破坏检测、故障选相、整组复归判断等。

正序方向元件 $F_{1\varphi}$:

PSL 603U 系列线路保护装置距离保护的正序方向元件采用正序电压和回路电流进行比相。以 A 相正序方向元件 F_{1A} 为例,令 $\dot{U}_1=1/3(\dot{U}_A+\alpha\dot{U}_B+\alpha^2\dot{U}_C)$,式中:$\alpha$ 为算子,$\alpha=e^{j2\pi/3}$。正序方向元件 F_{1A} 的动作判据为:

$$-25°\leqslant\arg\frac{\dot{U}_1}{\dot{I}_A+K3\dot{I}_0}\leqslant135° \qquad (2.99)$$

式中符号含义与式(2.85)相同。

PSL 603U 系列线路保护装置距离保护的正序方向元件与 PSL601U/602U 保护装置距离保护的正序方向元件的特性一致。

零序电抗器 $X_{0\varphi}$:

在两相短路经过渡电阻接地、双端电源线路单相经过渡电阻接地时,接地距离阻抗继电器可能会产生超越。为防止这种超越,PSL 603U 系列线路保护装置的接地距离还设有零序电抗继电器 X_0。X_0 的动作方程为(以 A 相零序电抗继电器 X_{0A} 为例,则动作方程中的 $\varphi=A$):

$$180°\leqslant\arg\frac{\dot{U}_\varphi-Z_{ZD}(\dot{I}_\varphi+K3\dot{I}_0)}{\dot{I}_0e^{j\delta}}\leqslant360° \qquad (2.100)$$

式中符号含义与式(2.86)相同。

零序电抗器只用于接地距离Ⅰ、Ⅱ段。

② 接地距离

PSL 603U 系列线路保护装置采用三段式的接地距离保护特性,其接地阻抗算法为:

$$Z_\varphi=\frac{\dot{U}_\varphi}{\dot{I}_\varphi+K_Z\cdot3\dot{I}_0} \qquad (2.101)$$

其中:K_Z 为零序电流补偿系数,其他符号含义同上。

三段式的接地距离保护动作特性由偏移阻抗元件 $Z_{PY\varphi}$、零序电抗元件 $X_{0\varphi}$ 和正序方向元件 $F_{1\varphi}$ 组成(φ 为相别,$\varphi=A,B,C$),接地全阻抗辅助元件只是用于接地距离选相等功能。

PSL 603U 系列线路保护装置的接地距离Ⅰ、Ⅱ段动作特性如图 2.49 所示,由接地距离偏移阻抗Ⅰ、Ⅱ段,与正序方向元件 F_1(图中 F_1 虚线以上区域)和零序电抗继电器 X_0(图中 X_0 虚线以下区域)共同组成接地距离Ⅰ、Ⅱ段的动作区。接地距离Ⅲ段动作特性如图 2.51 的黑实线所示,接地距离偏移阻抗Ⅲ段,与正序方向元件 F_1(图中 F_1 虚线以上区域)共同组成接地距离Ⅲ段的动作区。其中,阻抗定值 Z_{ZD} 按段分别整定,电阻分量定值 R_{ZD} 三段均取负荷限制电阻定值,灵敏角 φ_{ZD} 三段公用一个定值。偏移门槛是根据 R_{ZD} 和 Z_{ZD} 自动调整的。

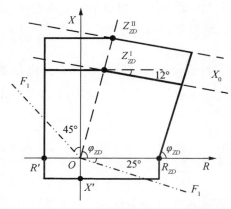

图 2.49 PSL 603U 接地距离 I、II 段动作特性

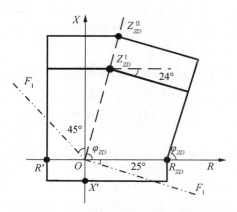

图 2.50 PSL 603U 相间距离 I、II 段动作特性

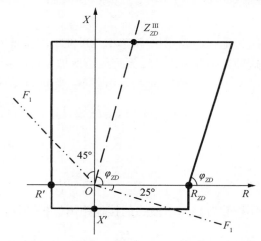

图 2.51 PSL 603U 接地距离 III 段、相间距离 III 段动作特性

③ 相间距离

PSL 603U 系列线路保护装置采用三段式的相间距离保护特性,其相间阻抗算法为:

$$Z_{\varphi\varphi}=\dot{U}_{\varphi\varphi}/\dot{I}_{\varphi\varphi} \tag{2.102}$$

其中:$\varphi\varphi$ 为相别,$\varphi\varphi=$AB、BC、CA,$\dot{U}_{\varphi\varphi}$ 为相间电压,$\dot{I}_{\varphi\varphi}$ 为相间回路电流。

三段式的相间距离由偏移阻抗元件 $Z_{PY\varphi\varphi}$ 和正序方向元件 $F_{1\varphi\varphi}$ 组成($\varphi\varphi$ 为相别,$\varphi\varphi=$ BC、CA、AB),相间全阻抗辅助元件只是用于相间距离选相等功能。

PSL 603U 系列线路保护装置的相间距离 I、II 段动作特性如图 2.50 的粗实线所示,相间偏移阻抗 I、II 段,与正序方向元件 F_1(图中 F_1 虚线以上区域)共同组成相间距离 I、II 段的动作区。相间距离 III 段动作特性与接地距离 III 段相似,如图 2.51。阻抗定值 Z_{ZD} 按段分别整定,电阻分量定值 R_{ZD} 三段均取负荷限制电阻定值的一半,灵敏角 φ_{ZD} 三段公用一个定值,偏移门槛根据 R_{ZD} 和 Z_{ZD} 自动调整。

(9) 零序保护

PSL 603U 系列线路保护装置设有两段定时限(零序 II 段和 III 段)和一段反时限零序电

流保护。

两段定时限功能投退受"零序电流保护"控制字的控制,零序反时限功能受"零序反时限"控制字的控制。

零序Ⅱ段保护和零序反时限保护固定带方向,零序Ⅲ段可以通过控制字选择是否带方向。

在线路非全相运行期间,零序Ⅱ段和零序反时限均退出,仅保留零序Ⅲ段作为非全相运行期间发生不对称故障的总后备保护。非全相运行期间,零序Ⅲ段的动作时间比整定定值缩短0.5s,若整定值小于0.5s,则动作时间按整定值选取,非全相期间零序Ⅲ段自动不带方向。在合闸加速期间,零序Ⅱ段、Ⅲ段和零序反时限均退出,仅投入零序加速段保护。

PSL 603U系列线路保护装置零序反时限保护采用IEC标准反时限特性:

$$t = \frac{0.14T_p}{\left(\frac{I_0}{I_p}\right)^{0.02} - 1} \tag{2.103}$$

其中:T_p为零序反时限时间,I_p为零序反时限电流定值,I_0为零序故障电流,t为跳闸时间。

零序Ⅲ段和反时限零序保护动作后均三相跳闸(简称"三跳"),并闭锁重合闸,零序Ⅱ段可以通过控制字"Ⅱ段保护闭锁重合闸"的设定来选择是否闭锁重合闸。零序反时限最长开放时间为50s,反时限计时满50s后直接跳闸出口。

零序电压采用自产零序,即$3\dot{U}_0 = \dot{U}_A + \dot{U}_B + \dot{U}_C$。零序电压的门槛采用固定门槛加浮动门槛的方式,固定门槛最小值为0.5 V。零序功率方向元件动作范围为:

$$175° \leqslant \arg(3\dot{U}_0/3\dot{I}_0) \leqslant 325° \tag{2.104}$$

4) 保护动作逻辑
(1) 零序保护动作逻辑

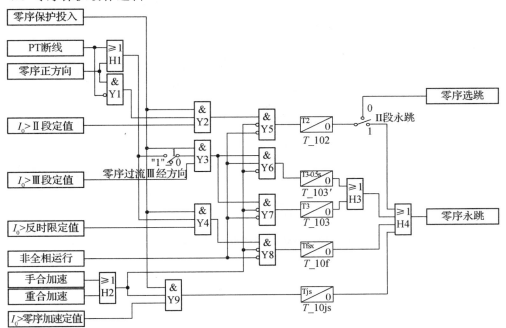

图2.52 PSL 603U保护装置零序保护逻辑框图

（2）距离保护动作逻辑

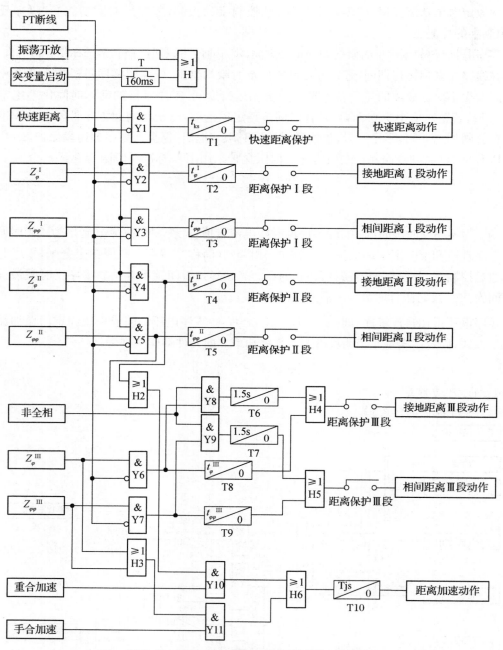

图 2.53　PSL 603U 装置距离保护动作逻辑框图

（3）纵联电流差动保护逻辑

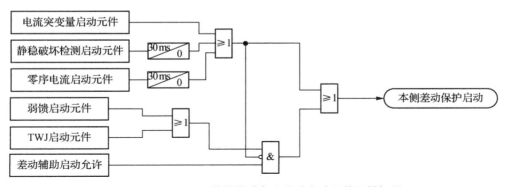

图 2.54　PSL 603U 装置纵联电流差动启动元件逻辑框图

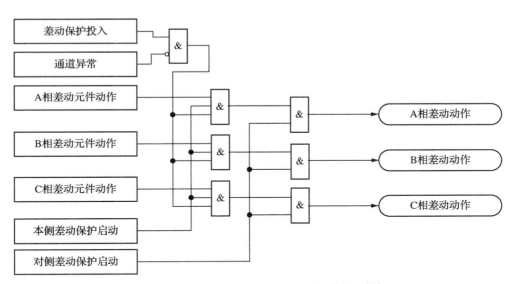

图 2.55　PSL 603U 装置纵联电流差动继电器逻辑框图

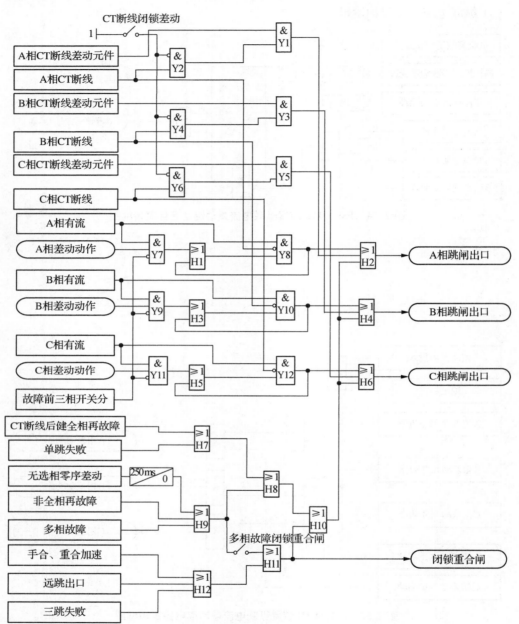

图 2.56　PSL 603U 装置纵联电流差动跳闸逻辑框图

（4）PSL 603U 保护跳闸逻辑

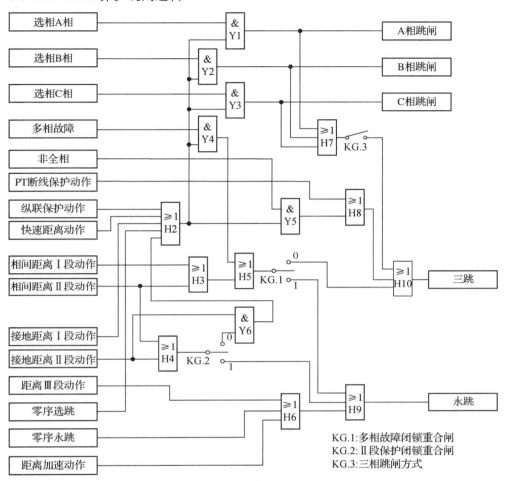

KG.1:多相故障闭锁重合闸
KG.2:Ⅱ段保护闭锁重合闸
KG.3:三相跳闸方式

图 2.57 PSL 603U 装置保护跳闸逻辑框图

2.6.1.3 PSL 621U 系列线路保护装置(智能站)

1）保护适用范围

PSL 621U 系列线路保护装置(智能站)为适用于 110 kV 中性点直接接地系统输电线路保护装置,集成了主、后备保护及重合闸功能,可用作智能化变电站 110 kV 及以下电压等级输电线路的主、后备保护。该装置支持电子式互感器 IEC 61850-9-2 和常规互感器接入方式,支持 GOOSE 跳闸方式;装置满足电力行业通信标准 DL/T 667—1999(IEC 60870-5-103)和新一代变电站通信标准 IEC 61850。

2）保护功能配置

PSL 621U 系列线路保护装置根据具体型号的不同,其保护功能配置也是不同的。本教程所涉及的装置型号为 PSL 621U-I,其保护功能包括三段式相间距离、三段式接地距离、四段式零序电流、两段式相过流、邻线允许加速及不对称故障加速等保护,支持电子式互感器采样及 GOOSE 跳闸功能。

3）保护原理说明

（1）保护启动和整组复归

PSL 621U 系列线路保护装置的保护启动元件用于启动故障处理功能和开放保护出口继电器的负电源，因此要求启动元件在任何运行工况下发生故障都能可靠启动。启动元件动作后，系统恢复正常运行后才返回。当采用电子式互感器接入，合并器采用双采样方式时，两路采样数据中一路用于启动，另一路用于保护，并且装置具备双 A/D 采样不一致性校验机制，能够避免 A/D 采样异常导致的保护误动的情况发生。

（2）启动元件

PSL 621U 系列线路保护装置的保护以相间电流突变量启动元件为主，同时有零序电流启动元件、静稳破坏检测启动元件。对于电流差动保护元件，还增加有弱馈启动元件、TWJ 启动元件。

① 电流突变量启动元件

PSL 621U 系列线路保护装置的电流突变量启动的判据为：

$$\Delta i_{\varphi\varphi} > I_{QD} + 1.25 \cdot \Delta I_{\varphi\varphi T} \qquad (2.105)$$

或者

$$\Delta 3i_0 > I_{QD} + 1.25 \cdot \Delta 3I_{0T} \qquad (2.106)$$

其中：$\varphi\varphi$ 为 AB、BC、CA 三种相别，T 为电网工频周期 20ms（50 Hz 系统）；

$\Delta i_{\varphi\varphi} = |i_{\varphi\varphi}(t) - 2 \times i_{\varphi\varphi}(t-T) + i_{\varphi\varphi}(t-2T)|$，为相间电流瞬时值的突变量；

$\Delta 3i_0 = |3i_0(t) - 2 \times 3i_0(t-T) + 3i_0(t-2T)|$，为零序电流瞬时值的突变量；

I_{QD} 为电流突变量启动定值。$\Delta I_{\varphi\varphi T}$、$\Delta 3I_{0T}$ 分别为相间电流、零序电流突变量浮动门槛。

PSL 621U 系列线路保护装置的电流突变量启动元件与 PSL 603U 一样，能够自适应于正常运行和振荡期间的不平衡分量，因此，既有很高的灵敏度而又不会频繁误启动。

② 零序电流启动元件

PSL 621U 系列线路保护装置的零序电流启动元件是为了防止远距离故障或经大电阻故障时电流突变量启动元件灵敏度不够而设置的。该元件在零序电流有效值大于零序电流启动定值并持续 30ms 后动作。

③ 静稳破坏检测元件

PSL 621U 系列线路保护装置的静稳破坏检测元件是为了检测系统正常运行状态下发生静态稳定破坏而引起的系统振荡而设置的。该元件判据为：B、C 相间阻抗在具有全阻抗特性的阻抗辅助元件内持续 30ms 或 $I_A > 1.2I_n$，并且 $U_1\cos\varphi$ 小于 0.5 倍的额定电压。当 PT 断线或者振荡闭锁功能退出时，该检测元件自动退出。

（3）整组复归

PSL 621U 系列线路保护装置的整组复归功能与 PSL 601U/602U 系列线路保护装置相同，在此不赘述。

（4）纵差保护

PSL 621U 系列线路保护装置采用光纤通道实现电力线路两端或三端纵联差动保护。使用了软、硬件相结合的同步采样方式。

电流差动元件：

PSL 621U 系列线路保护装置的电流差动保护包括三种电流差动继电器：变化量相差动继电器、稳态相差动继电器和零序差动继电器。

① 变化量相差动继电器

PSL 621U 系列线路保护装置变化量相差动继电器的动作方程为：

$$\begin{cases} \Delta I_{op.\varphi} > K \cdot \Delta I_{re.\varphi} \\ \Delta I_{op.\varphi} > I_{mk\Delta} \end{cases} \qquad \varphi = A, B, C \tag{2.107}$$

动作方程中各个参数为：

$\Delta I_{op.\varphi} = |\Delta \dot{I}_{1.\varphi} + \Delta \dot{I}_{2.\varphi}|$（三端时，$\Delta I_{op.\varphi} = |\Delta \dot{I}_{1.\varphi} + \Delta \dot{I}_{2.\varphi} + \Delta \dot{I}_{3.\varphi}|$）为变化量相差动继电器的差动电流；

$\Delta I_{re.\varphi} = |\Delta \dot{I}_{1.\varphi} - \Delta \dot{I}_{2.\varphi}|$ 为变化量相差动继电器的制动电流；

三端时，$\Delta I_{re.\varphi} = \max(|\Delta \dot{I}_{op} - 2\Delta \dot{I}_{1.\varphi}|, |\Delta \dot{I}_{op} - 2\Delta \dot{I}_{2.\varphi}|, |\Delta \dot{I}_{op} - 2\Delta \dot{I}_{3.\varphi}|)$

$I_{mk\Delta} = \max(4I_{cp}, I_{dz})$ 为变化量相差动继电器的最小动作电流，按躲过线路最大暂态不平衡差流取值；

K 为比例制动系数取 0.8。

I_{cp} 为线路实测电容电流（通过线路正常运行时的不平衡差流获得），I_{dz} 为分相差动动作电流定值，I_{dz} 按照分相差动保护的灵敏度要求整定，建议取 $I_{dz} \geqslant 0.1I_n$，其中：I_n 为 CT 二次额定电流。

② 稳态相差动继电器

PSL 621U 系列线路保护装置稳态相差动继电器的动作方程为：

$$\begin{cases} I_{op.\varphi} > K \cdot I_{re.\varphi} \\ I_{op.\varphi} > I_{mk} \end{cases} \qquad \varphi = A, B, C \tag{2.108}$$

动作方程中各个参数为：

$I_{op.\varphi} = |\dot{I}_{1.\varphi} + \dot{I}_{2.\varphi}|$（三端时，$I_{op.\varphi} = |\dot{I}_{1.\varphi} + \dot{I}_{2.\varphi} + \dot{I}_{3.\varphi}|$），为稳态相差动继电器的差动电流；

$I_{re.\varphi} = |\dot{I}_{1.\varphi} - \dot{I}_{2.\varphi}|$ 为稳态相差动继电器的制动电流；三端时，$I_{re.\varphi} = \max(|\dot{I}_{op} - 2\dot{I}_{1.\varphi}|, |\dot{I}_{op} - 2\dot{I}_{2.\varphi}|, |\dot{I}_{op} - 2\dot{I}_{3.\varphi}|)$。

I_{mk} 按照躲过线路最大稳态不平衡差流自适应取值为 $\max(1.5I_{cp}, I_{dz})$，I_{cp} 为线路实测电容电流，I_{dz} 为分相差动动作电流定值；

K 为比例制动系数取 0.6。

③ 零序差动继电器

PSL 621U 系列线路保护装置零序差动继电器的动作方程为：

$$\begin{cases} I_{op.0} > K \cdot I_{re.0} \\ I_{op.0} > I_{dz0} \end{cases} \tag{2.109}$$

动作方程中各个参数为：

$I_{op.0} = |\dot{I}_{10} + \dot{I}_{20}|$（三端时，$I_{op.0} = |\dot{I}_{10} + \dot{I}_{20} + \dot{I}_{30}|$），为零序差动继电器的差动电流；

$I_{re.0} = |\dot{I}_{10} - \dot{I}_{20}|$ [三端时，$I_{re.0} = \max(|\dot{I}_{op.0} - 2\dot{I}_{10}|, |\dot{I}_{op.0} - 2\dot{I}_{20}|, |\dot{I}_{op.0} - 2\dot{I}_{30}|)$]，为

零序差动继电器的制动电流；

I_{dz0} 为零序差动动作电流定值；

K 为比例制动系数，取值 0.8。

PSL 621U 线路保护装置设定的零序差动动作延时为 100ms。零序差动只反映单相接地故障；对于多相接地故障，由于灵敏度满足了分相差动动作要求，零序差动不做处理，零序差动不受分相差动动作闭锁的影响。

（5）距离保护

PSL 621U 系列线路保护装置的距离保护按相计算，设有 Z_{BC}、Z_{CA}、Z_{AB} 三个相间距离继电器和 Z_A、Z_B、Z_C 三个接地距离继电器。每个回路除了三段式距离外，还设有辅助阻抗元件。

① 距离元件

PSL 621U 线路保护装置的距离继电器主要由偏移阻抗元件、全阻抗辅助元件、正序方向元件、零序电抗器构成。与接地距离继电器相比，相间距离继电器无零序电抗器元件。

A. 偏移阻抗元件 $Z_{PY\varphi}$

PSL 621U 系列线路保护装置的距离保护偏移阻抗元件特性与 PSL 601U/602U 保护装置的距离保护偏移阻抗元件的特性相同，在此不赘述。

B. 全阻抗辅助元件

PSL 621U 系列线路保护装置的距离保护全阻抗辅助元件特性与 PSL 601U/602U 保护装置的距离保护全阻抗辅助元件特性相同，不再赘述。

C. 正序方向元件 $F_{1\varphi}$

PSL 621U 系列线路保护装置的正序方向元件采用正序电压和回路电流进行比相。以 A 相正序方向元件 F_{1A} 为例，令 $\dot{U}_1 = \dfrac{\dot{U}_A + \alpha\dot{U}_B + \alpha^2\dot{U}_C}{3}$，式中：$\alpha$ 为算子，$\alpha = e^{j2\pi/3}$。正序方向元件 F_{1A} 的动作判据为：

$$-25° \leqslant \arg\frac{\dot{U}_1}{\dot{I}_A + K_z3\dot{I}_0} \leqslant 145° \tag{2.110}$$

式中符号含义与式(2.85)相同。

PSL 621U 系列线路保护装置距离保护的正序方向元件的特点是引入了健全相的电压，因此，在线路出口处发生不对称故障时，能保证正确的方向性，但发生三相出口故障时，正序电压为零，不能正确反映故障方向。为此，当三相电压都低时，采用记忆电压进行比相，并将方向固定。电压恢复后重新用正序电压进行比相。

D. 零序电抗器 X_φ

在两相短路经过渡电阻接地、双端电源线路单相经过渡电阻接地时，接地距离阻抗继电器可能会产生超越。由于零序电抗元件能够防止这种超越，因此 PSL 621U 系列线路保护装置的接地距离还设有零序电抗继电器 X_0。X_0 的动作方程为（以 A 相零序电抗继电器 X_{0A} 为例，则动作方程中的 $\varphi = A$）：

$$180° \leqslant \arg\frac{\dot{U}_\varphi - \dot{Z}_{ZD}(\dot{I}_\varphi + K_z3\dot{I}_0)}{\dot{I}_0 e^{j\delta}} \leqslant 360° \tag{2.111}$$

式中符号含义与式(2.86)相同。

PSL 621U 系列线路保护装置的零序电抗器只用于接地距离Ⅰ、Ⅱ段。

② 接地距离

PSL 621U 系列线路保护装置采用三段式接地距离保护特性,其接地阻抗算法为:

$$Z_\varphi = \frac{\dot{U}_\varphi}{\dot{I}_\varphi + K_z \cdot 3\dot{I}_0} \tag{2.112}$$

其中:$K_z = (Z_0 - Z_1)/3Z_1$,Z_2 和 Z_1 为线路零序阻抗和正序阻抗,φ 为相别,$\varphi=$A,B,C。

PSL 621U 系列线路保护装置的三段式接地距离保护动作特性由偏移阻抗元件 $Z_{PY\varphi}$、零序电抗元件 $X_{0\varphi}$ 和正序方向元件 $F_{1\varphi}$ 组成(相别,$\varphi=$A,B,C),接地全阻抗辅助元件只是用于接地距离选相等功能。

PSL 621U 系列线路保护装置的接地距离Ⅰ、Ⅱ段动作特性如图 2.58 所示,接地距离偏移阻抗Ⅰ、Ⅱ段,与正序方向元件 F_1(图中 F_1 虚线以上区域)和零序电抗继电器 X_0(图中 X_0 虚线以下区域)共同组成接地距离Ⅰ、Ⅱ段的动作区。接地距离Ⅲ段动作特性如图 2.60 的黑实线所示,接地距离偏移阻抗Ⅲ段,与正序方向元件 F_1(图中 F_1 虚线以上区域)共同组成接地距离Ⅲ段的动作区。其中,阻抗定值 Z_{ZD} 按段分别整定,而电阻分量定值 R_{ZD} 和灵敏角 φ_{ZD} 三段公用一个定值。偏移门槛根据 R_{ZD} 和 Z_{ZD} 自动调整。

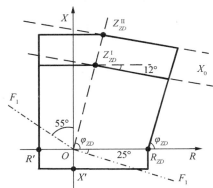

图 2.58 接地距离Ⅰ、Ⅱ段动作特性

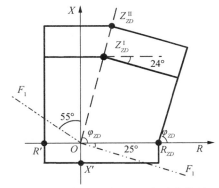

图 2.59 相间距离Ⅰ、Ⅱ段动作特性

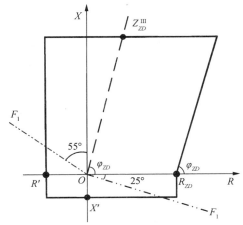

图 2.60 接地距离Ⅲ段、相间距离Ⅲ段动作特性

③ 相间距离

PSL 621U 系列线路保护装置相间距离保护的相间阻抗算法为：

$$\dot{Z}_{\varphi\varphi}=\dot{U}_{\varphi\varphi}/\dot{I}_{\varphi\varphi} \tag{2.113}$$

其中：$\varphi\varphi$ 为相别，$\varphi\varphi=$AB、BC、CA，$\dot{U}_{\varphi\varphi}$ 为相间电压，$\dot{I}_{\varphi\varphi}$ 为相间回路电流。

PSL 621U 系列线路保护装置的三段式相间距离由偏移阻抗元件 $Z_{PY\varphi\varphi}$ 和正序方向元件 $F_{1\varphi\varphi}$ 组成（$\varphi\varphi=$BC,CA,AB），相间全阻抗辅助元件只是用于相间距离选相等功能。

PSL 621U 系列线路保护装置的相间距离 Ⅰ、Ⅱ 段动作特性如图 2.59 的粗实线所示，相间偏移阻抗 Ⅰ、Ⅱ 段，与正序方向元件 F_1（图中 F_1 虚线以上区域）共同组成相间距离 Ⅰ、Ⅱ 段动作区。相间距离 Ⅲ 段动作特性与接地距离 Ⅲ 段相似，如图 2.60。阻抗定值 Z_{ZD} 按段分别整定，而电阻分量定值 R_{ZD} 和灵敏角 φ_{ZD} 三段公用一个定值。偏移门槛根据 R_{ZD} 和 Z_{ZD} 自动调整。

④ 纵联距离

A. 阻抗方向元件

PSL 621U 系列线路保护装置的纵联距离保护的阻抗方向元件按回路分为 Z_{AB}、Z_{BC}、Z_{CA} 三个相间阻抗和 Z_A、Z_B、Z_C 三个接地阻抗。每个回路的阻抗又分为正向元件和反向元件。阻抗特性如图 2.61 所示，由全阻抗四边形与方向元件组成。当选相元件选中回路的测量阻抗在四边形范围内，而方向元件为正向时，判为正向故障；若方向元件为反向时，判为反向故障。方向元件采用正序方向元件。反方向阻抗特性的动作值自动取为 Z_{ZD} 的 1.25 倍，保证反方向元件比正方向元件灵敏。在振荡闭锁期间，需方向元件为正和振荡闭锁的开放条件同时满足，才能判出正向故障。

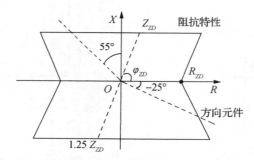

图 2.61　PSL 621U 纵联距离阻抗方向元件

B. 零序方向元件

PSL 621U 系列线路保护装置纵联距离保护的零序方向元件设正、反两个方向元件。

零序方向元件的电压门槛取为固定门槛（0.5 V）加浮动门槛，且具有零序电压补偿功能。在系统零序阻抗很小，零序电压小于 0.5 V 时也可以正确动作。零序方向元件动作范围为：

$$170°\leqslant\arg\frac{3\dot{U}_0}{3\dot{I}_0}\leqslant330° \tag{2.114}$$

零序方向元件在合闸加速脉冲期间延时 100 ms 动作。

（6）零序保护

PSL 621U 系列线路保护装置的零序保护设有常规的四段式、加速段零序电流保护。

零序电压由保护装置自动求和完成，即 $3\dot{U}_0=\dot{U}_A+\dot{U}_B+\dot{U}_C$。零序电压的门槛按浮动门槛计算，再固定增加 0.5 V，所以，零序电压的门槛最小值为 0.5 V。零序功率方向元件的动作范围为：

$$170°\leqslant\arg(3\dot{U}_0/3\dot{I}_0)\leqslant330° \tag{2.115}$$

PSL 621U 系列线路保护装置的零序Ⅰ、Ⅱ、Ⅲ、Ⅳ段可选择是否带方向；零序加速段自动不带方向，固定延时 100ms。

当 PT 断线后，零序电流保护的方向元件将不能正常工作。零序各段保护若选择带方向，则在 PT 断线后，不再受零序方向制约。此外，PT 断线时，装置可以通过控制字选择 PT 断线零序Ⅰ段是否在零序Ⅰ段时间定值上再增加 200ms。

（7）相过流保护

PSL 621U 系列线路保护装置配置两段式相过流保护。"相过流保护压板"退出时，相过流保护功能退出；投入时，相过流保护功能需结合相过流保护相关控制字投入。

当"相过流保护"控制字选择"投入"时，相过流保护投入。当控制字选择"PT 断线时投入"，相过流保护仅在 PT 断线时，自动投入；PT 断线返回后，自动退出。

4）保护动作逻辑

（1）阻抗方向和零序方向元件配置

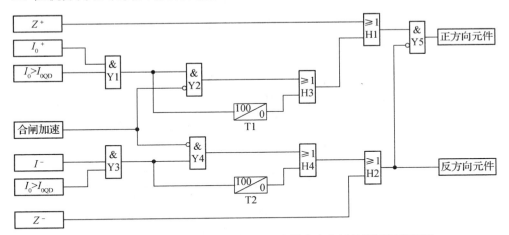

图 2.62　PSL 621U 保护装置阻抗方向和零序方向元件配置逻辑框图

（2）允许式纵联保护逻辑

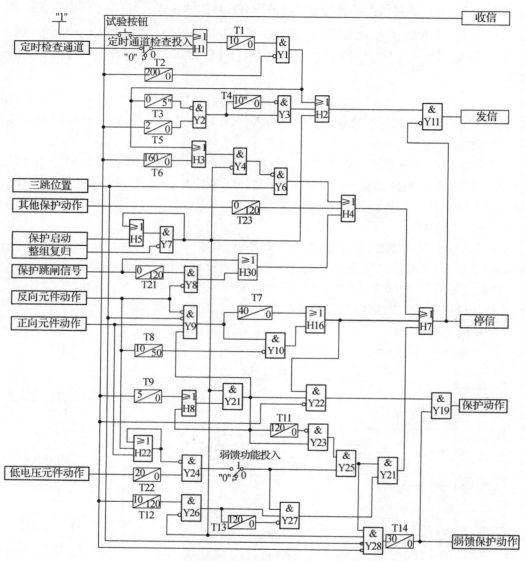

图 2.63　PSL 621U 保护装置允许式纵联保护逻辑框图

2.6.2　变压器保护装置

2.6.2.1　PST 1200U 系列数字式变压器保护装置(智能站)

PST 1200U-I 型数字式变压器保护装置是新一代全面支持智能变电站的保护装置。装置支持电子式互感器 IEC 61850-9-2 和常规互感器接入方式,支持 GOOSE 跳闸方式,装置满足电力行业通信标准 DL/T 667—1999(IEC 60870-5-103)和新一代变电站通信标准 IEC 61850。

1）保护适用范围

PST 1200U 系列数字式变压器保护装置是以差动保护和后备保护为基本配置的成套变压器保护装置,适用于 1 000 kV,750 kV、500 kV、330 kV、220 kV 电压等级大型电力变压器。

装置适用于 220 kV～500 kV 电压等级智能变电站的变压器保护。

PST 1200U-IG 适用于传统模拟量采样及数字化 GOOSE 跳闸;

PST 1200U-IS 适用于数字化采样及数字化 GOOSE 跳闸;

PST 1200U-IR 适用于保护双 CPU 及保护测控一体装置,数字化采样及数字化 GOOSE 跳闸。

2）保护功能配置

PST 1200U 系列数字式变压器保护装置可实现全套变压器电气量的保护,各保护功能是由软件实现的。装置包括多种原理的差动保护,并含有全套后备保护功能模块库,可根据需要灵活配置,功能调整方便。

PST 1200U 系列数字式变压器保护装置主要保护功能配置如下:

（1）纵联差动保护

差动速断保护;

稳态比率差动保护;

故障量差动保护。

（2）分相纵联差动保护

分相差动速断保护;

分相稳态比率差动保护;

分相故障量差动保护。

（3）低压侧小区差动保护

低压侧小区稳态比率差动保护。

（4）分侧差动保护

分侧稳态比率差动保护。

（5）后备保护

相间阻抗保护;

接地阻抗保护;

复压闭锁(方向)过流保护;

零序(方向)过流保护;

零序反时限过流保护;

过激磁保护;

间隙保护;

差流越限告警;

过负荷告警;

零序过压告警;

CT、PT 断线告警。

3）保护原理说明

PST 1200U 系列数字式变压器保护装置在运行状态下,保护装置主程序按固定运算周期进行电流、电压量、开关量采样值采集并进行计算。根据电流、电压、开关量是否满足启动条件决定程序是进入故障计算流程，还是进入正常运行流程，并在故障计算中进行差动及后备保护的判别。

（1）保护启动

PST 1200U 系列数字式变压器保护装置的保护程序采用检测扰动的方式决定是进入故障处理流程还是进行正常的运行、自检等工作流程。只有当装置启动后，相应的保护元件才会开放。各启动元件的工作原理如下：

① 差流启动元件

PST 1200U 系列数字式变压器保护装置差电流启动元件的判据为：

$$|i_d| \geqslant I_{QD} \tag{2.116}$$

式中：i_d——差动电流；

I_{QD}——差流启动门槛。

当任一相差动电流大于启动门槛值时，保护启动。

适用的保护功能：纵差保护，分侧差动。

② 差流突变量启动元件

PST 1200U 系列数字式变压器保护装置的差流突变量启动元件判据为：

$$|[i_d(k) - i_d(k - 2n)]| \geqslant I_{QD} \tag{2.117}$$

式中：$i_d(k)$——当前差动瞬时值；

$i_d(k - 2n)$——当前采样点前推两周波对应的差动采样瞬时值；

I_{QD}——差动电流突变量启动门槛；

n——每周波采样点数。

连续三个采样点满足条件时，保护启动。

适用保护功能：纵差保护，分侧差动。

③ 相电流突变增量启动

PST 1200U 系列数字式变压器保护装置的相电流突变量启动元件是利用在系统扰动时，相电流会发生突变的变化特征使保护进入故障处理程序的。

启动量：所有电流量。

启动条件：相应侧的电流突变增量

$$|[i(k) - i(k - 2n)]| > I_{QD} 。$$

式中：$i(k)$——当前采样点的电流瞬时值；

n——每周波采样点数；

$i(k - 2n)$——当前采样点前推两周波对应的电流采样瞬时值；

I_{QD}——相电流突变量启动门槛。

连续三个采样点满足条件时，保护启动。

适用保护功能：阻抗保护、复压（方向）过流保护、过流保护、零序（方向）过流保护、公共绕组零序过流等。

④ 自产零序电流启动

PST 1200U 系列数字式变压器保护装置的自产零序电流启动元件是针对变压器接地

故障,也为了防止转换性故障,多条线路相继故障及小匝间短路故障等情况下,相电流突变量启动可能失去重新启动能力而设置。

启动量:接地系统三相电流量。

启动条件:零序电流大于相应侧的零序电流启动值。

适用保护功能:阻抗保护、复压(方向)过流保护、过流保护、零序(方向)过流保护、公共绕组零序过流等。

⑤ 过激磁启动

启动量:大型变压器高压侧电压通道。

启动条件:三相过激磁倍数的最大值大于过激磁启动值。

适用保护功能:过激磁保护。

(2) 差动保护

① 纵差保护

PST 1200U 系列数字式变压器保护装置的纵差保护是指由变压器各侧外附 CT 构成的差动保护,该保护能够反映变压器各侧的各种类型故障。

变压器纵差保护应当注意空载合闸时励磁涌流可能导致的变压器差动保护误动,以及过励磁工况下变压器差动保护动作的行为。

以下以 Y0/Y/△-11 变压器为例来说明 PST 1200U 系列数字式变压器保护装置纵差差流的计算方法。

变压器各侧二次额定电流按照下式计算:

高压侧额定电流:

$$I_{e.h} = \frac{S}{\sqrt{3}U_h \cdot n_{a.h}} \tag{2.118}$$

中压侧额定电流:

$$I_{e.m} = \frac{S}{\sqrt{3}U_m \cdot n_{a.m}} \tag{2.119}$$

低压侧额定电流:

$$I_{e.l} = \frac{S}{\sqrt{3}U_l \cdot n_{a.l}} \tag{2.120}$$

式中:S——变压器高中压侧容量;

　　CT——全 Y 形接线;

　　U_h、U_m、U_l——变压器高、中、低压侧的铭牌电压;

　　$n_{a.h}$、$n_{a.m}$、$n_{a.l}$——变压器高、中、低压侧 CT 的变比。

由于各侧电压等级和 CT 变比的不同,计算差流时,需要对各侧电流进行折算,本装置各侧电流均折算至高压侧。

变压器纵差各侧平衡系数,与变压器各侧的电压等级及 CT 变比都有关,如下所示:

高压侧平衡系数:

$$k_h = \frac{I_{e.h}}{I_{e.h}} = 1 \tag{2.121}$$

中压侧平衡系数:

$$k_m = \frac{I_{e.h}}{I_{e.m}} \tag{2.122}$$

低压侧平衡系数：

$$k_l = \frac{I_{e.h}}{I_{e.l}} \tag{2.123}$$

PST 1200U 系列数字式变压器保护装置所接变压器各侧电流互感器采用星形接线，二次侧电流直接接入保护装置。电流互感器各侧的极性都以母线侧为极性端。由于 Y 侧和 △ 侧线电流的相位不同，计算纵差差流时，变压器各侧 CT 二次电流相位由软件进行调整，PST 1200U 系列数字式变压器保护装置采用由 Y→△ 的转换方式计算纵差差流。

对于 Y 侧：

$$\dot{I}_{dai} = \frac{(\dot{I}_{ai} - \dot{I}_{bi}) \cdot k_i}{\sqrt{3}}; \dot{I}_{dbi} = \frac{(\dot{I}_{bi} - \dot{I}_{ci}) \cdot k_i}{\sqrt{3}}; \dot{I}_{dci} = \frac{(\dot{I}_{ci} - \dot{I}_{ai}) \cdot k_i}{\sqrt{3}} \tag{2.124}$$

对于 △-11 侧：

$$\dot{I}_{dai} = \dot{I}_{ai} \cdot k_i; \dot{I}_{dbi} = \dot{I}_{bi} \cdot k_i; \dot{I}_{dci} = \dot{I}_{ci} \cdot k_i \tag{2.125}$$

式中：$\dot{I}_{ai}, \dot{I}_{bi}, \dot{I}_{ci}$——测量到的各侧电流的二次矢量值；

$\dot{I}_{dai}, \dot{I}_{dbi}, \dot{I}_{dci}$——经折算和转角后的各侧线电流矢量值；

k_i——变压器高、中、低压侧的平衡系数（k_h, k_m, k_l）。

差动电流：

$$I_{da} = \left| \sum_{i=1}^{n} \dot{I}_{dai} \right|; I_{db} = \left| \sum_{i=1}^{n} \dot{I}_{dbi} \right|; I_{dc} = \left| \sum_{i=1}^{n} \dot{I}_{dci} \right| \tag{2.126}$$

制动电流：

$$I_{ra} = \frac{\sum_{i=1}^{n} | \dot{I}_{dai} |}{2}; I_{rb} = \frac{\sum_{i=1}^{n} | \dot{I}_{dbi} |}{2}; I_{rc} = \frac{\sum_{i=1}^{n} | \dot{I}_{dci} |}{2} \tag{2.127}$$

注意：当变压器各侧均为星形接线时，PST 1200U 系列数字式变压器保护装置默认按照 △-11 点钟接线方式转角滤零。

② 稳态量比率差动

PST 1200U 系列数字式变压器保护装置的稳态比例差动保护采用经傅氏变换后得到的电流有效值进行差流计算，用来区分差流是由于内部故障还是外部故障引起的。

比例制动曲线为 3 段折线，如图 2.64 所示，采用了如下动作方程：

$$\begin{cases} I_d \geqslant I_{op.min}, & I_r < I_{s1} \\ I_d \geqslant I_{op.min} + (I_r - I_{s1}) \cdot k_1, & I_{s1} \leqslant I_r < I_{s2} \\ I_d \geqslant I_{op.min} + (I_r - I_{s1}) \cdot k_1 + (I_r - I_{s2}) \cdot k_2, & I_r \geqslant I_{s2} \end{cases} \tag{2.128}$$

式中：I_d——差动电流；

I_r——制动电流；

$I_{op.min}$——最小动作电流；

I_{s1}——制动电流拐点 1（取 I_e）；

I_{s2}——制动电流拐点 2（取 $3I_e$）；

k_1——斜率 1（取 0.5）；

k_2——斜率 2（取 0.7）；

I_e——基准侧额定电流（即高压侧）。

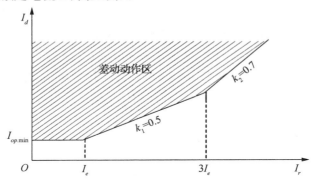

图 2.64 稳态比率差动制动曲线

③ 故障分量比率差动保护

PST 1200U 系列数字式变压器保护装置的故障分量电流是由从故障后电流中减去负荷分量而得到的电流值进行处理的，用 Δ 表示故障增量，即 $\Delta I_i = I_i - I_{iL}$；下标 L 表示正常负荷分量，取一段时间前（两个周波）的计算值。

在故障分量差动中，ΔI_d 为故障分量差动电流，ΔI_r 为故障分量制动电流，即

差动电流：

$$\Delta I_d = \left| \sum_{i=1}^{n} \Delta \dot{I}_i \right| ;$$

制动电流：

$$\Delta I_r = \sum_{i=1}^{n} |\Delta \dot{I}_i| / 2 ;$$

故障分量比率制动曲线为过原点的 2 段折线曲线，如图 2.65 所示，差动条件（动作方程）：

$$\begin{cases} \Delta I_d > \Delta I_{op.\min}, & \Delta I_r < \Delta I_{r.0} \\ \Delta I_d > k \Delta I_r, & \Delta I_r \geqslant \Delta I_{r.0} \end{cases} \tag{2.129}$$

式中：$\Delta I_{r.0}$——差动动作拐点；

$\Delta I_{op.\min}$——故障分量差动最小动作电流。

与传统比率差动相比，忽略变压器各侧负荷电流之后，故障分量原理与传统原理的差动电流是相同的，主要不同表现在制动量上，发生内部轻微故障（如单相高阻抗接地或小匝间短路）时，此时，制动电流主要由负荷电流 I_{iL} 决定，从而使传统差动保护的制动量大，并降低了灵敏度。发生外

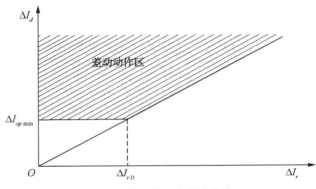

图 2.65 故障量差动制动曲线

部故障时,制动电流主要取决于 ΔI_r,因此,故障分量与传统原理的制动电流相当,不会引起误动。

④ 分相差动保护

PST 1200U 系列数字式变压器保护装置的分相差动保护是指由变压器高、中压侧外附的 CT 和低压侧三角内部套管(绕组)CT 构成的差动保护,该保护能反映变压器内部的各种故障。

同变压器纵差保护一样,分相差动保护应当注意空载合闸时励磁涌流可能导致变压器差动保护的误动,以及过励磁工况下的变压器差动保护的动作行为。

以下以 Y0/Y/△-11 变压器为例来说明分相差流的计算方法。

变压器各侧二次额定电流按照下式计算:

高压侧额定电流:

$$I_{e.h} = \frac{S}{\sqrt{3}U_h \cdot n_{a.h}};$$

中压侧额定电流:

$$I_{e.m} = \frac{S}{\sqrt{3}U_m \cdot n_{a.m}};$$

低压侧额定电流:

$$I_{e.l} = \frac{S}{3U_l \cdot n_{a.l}};$$

式中:S——变压器高中压侧容量;

　　CT——全 Y 形接线;

　　U_h、U_m、U_l——变压器高、中、低压侧的铭牌电压;

　　$n_{a.h}$、$n_{a.m}$、$n_{a.l}$——变压器高、中、低压侧 CT 的变比。

需要注意的是分相差动保护的低压侧额定电流 $I_{e.l}$ 的计算与纵差保护中的 $I_{e.l}$ 计算方法是不同的。

变压器分相差动各侧平衡系数与变压器各侧的电压等级及 CT 变比都有关。计算差流时,各侧电流均折算至高压侧。平衡系数按照下式计算:

高压侧平衡系数:

$$k_h = \frac{I_{e.h}}{I_{e.h}} = 1;$$

中压侧平衡系数:

$$k_m = \frac{I_{e.h}}{I_{e.m}};$$

低压侧平衡系数:

$$k_l = \frac{I_{e.h}}{I_{e.l}};$$

变压器的各侧电流互感器采用星形接线,二次电流直接接入本装置。电流互感器各侧的极性都以母线侧为极性端。

分相差动的电流采用相电流计算,不需要作移相处理。

$$\dot{I}_{dai}=\dot{I}_{ai} \cdot k_i;\dot{I}_{dbi}=\dot{I}_{bi} \cdot k_i;\dot{I}_{dci}=\dot{I}_{ci} \cdot k_i;$$

式中：$\dot{I}_{ai}$，$\dot{I}_{bi}$，$\dot{I}_{ci}$——测量到的各侧电流的二次矢量值；

$\dot{I}_{dai}$，$\dot{I}_{dbi}$，$\dot{I}_{dci}$——经折算后的各侧线电流的矢量值；

k_i——变压器高、中、低压侧的平衡系数(k_h,k_m,k_l)。

差动电流：

$$I_{da}=\left|\sum_{i=1}^{n}\dot{I}_{dai}\right|;I_{db}=\left|\sum_{i=1}^{n}\dot{I}_{dbi}\right|;I_{dc}=\left|\sum_{i=1}^{n}\dot{I}_{dci}\right|;$$

制动电流：

$$I_{ra}=\frac{\sum\limits_{i=1}^{n}\mid\dot{I}_{dai}\mid}{2};I_{rb}=\frac{\sum\limits_{i=1}^{n}\mid\dot{I}_{dbi}\mid}{2};I_{rc}=\frac{\sum\limits_{i=1}^{n}\mid\dot{I}_{dci}\mid}{2}。$$

分相差动的差动速断保护，稳态量比率差动和故障量比率差动的动作条件、闭锁条件和参数选择均与纵差保护相同。

（3）后备保护

PST 1200U 系列数字式变压器保护装置的后备保护包括相间阻抗保护、接地阻抗保护、复合电压闭锁过流保护、零序方向过流保护和反时限零序过流保护等。

① 相间阻抗保护

PST 1200U 系列数字式变压器保护装置的相间阻抗保护是带偏移特性的阻抗保护。指向变压器的阻抗不伸出对侧母线，作为变压器部分绕组故障的后备保护，指向母线的阻抗作为本侧母线故障的后备保护。

PT 断线时，相间阻抗保护被闭锁，PT 断线后若电压恢复正常，相间阻抗保护也随之恢复正常。并可通过振荡闭锁控制字的投退来控制振荡闭锁功能是否投入。

接入装置的电流、电压均取自本侧，CT 正极性在母线侧。

相间阻抗算法为（以 AB 相为例）：

$$\dot{Z}_{AB}=\frac{\dot{U}_{AB}}{\dot{I}_{AB}}$$

PST 1200U 系列数字式变压器保护装置相间阻抗保护的阻抗元件动作特性如图 2.66 所示，Z_P 为指向变压器相间阻抗定值，Z_n 为指向母线相间阻抗定值，φ 为阻抗角。

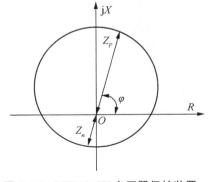

图 2.66　PST 1200U 变压器保护装置相间阻抗元件动作特性

相间阻抗动作条件为：

a. 后备保护启动；

b. 相间阻抗 Z_{AB}、Z_{BC}、Z_{CA} 中任一阻抗值落在阻抗圆中；

c. 故障相 PT 未断线；

d. 压板控制字投入；

e. 振荡闭锁开放。

② 接地阻抗保护

PST 1200U 系列数字式变压器保护装置的接地阻抗保护通常用于大型变压器高中压侧,作为变压器内部及引线、母线、相邻线路接地故障的后备保护。阻抗特性为具有偏移特性的阻抗圆,并经零序电流闭锁。PT 断线时,接地阻抗保护被闭锁;PT 断线后,若电压恢复正常,接地阻抗保护也随之恢复正常。

接入装置的电流、电压均取自本侧,CT 正极性在母线侧。

方向指向变压器的接地阻抗算法为(以 A 相为例):

$$Z_A = \frac{\dot{U}_A}{\dot{I}_A}$$

方向指向母线的接地阻抗算法为(以 A 相为例):

$$Z_A = \frac{\dot{U}_A}{\dot{I}_A + K_Z \cdot 3\dot{I}_0}$$

其中:$K_Z = (Z_0 - Z_1)/3Z_1$,Z_0 和 Z_1 为线路零序阻抗和正序阻抗。K_Z 为接地阻抗零序补偿系数。

接地阻抗元件动作特性如图 2.67 所示,Z_P 为阻抗元件指向变压器接地阻抗定值,Z_n 为指向母线接地阻抗定值,φ 为阻抗角。

接地阻抗动作条件为:

a. 后备保护启动;

b. 接地阻抗 Z_A、Z_B、Z_C 中任一阻抗值落在阻抗圆中;

c. 故障相 PT 未断线;

d. 压板控制字投入;

e. 振荡闭锁开放。

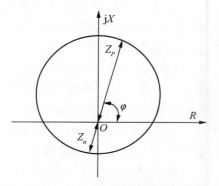

图 2.67 PST 1200U 变压器保护装置接地阻抗元件动作特性

③ 复合电压闭锁过流保护

PST 1200U 系列数字式变压器保护装置的复合电压闭锁过流保护作为外部相间短路和变压器内部相间短路的后备保护。采用复合电压闭锁防止误动。延时跳开变压器的各侧断路器。

A. 过流元件

PST 1200U 系列数字式变压器保护装置原理较为简单,其过流元件的电流取自本侧 CT,动作判据为:

$$(I_A > I_{L.set}) \text{或} (I_B > I_{L.set}) \text{或} (I_C > I_{L.set}) \tag{2.130}$$

式中:I_A、I_B、I_C——三相电流;

$I_{L.set}$——过流定值。

B. 复合电压元件

PST 1200U 系列数字式变压器保护装置的复合电压是指相间低电压或负序电压。

其动作判据为:

$(U_{AB}>U_{LL.set})$ 或 $(U_{BC}>U_{LL.set})$ 或 $(U_{CA}>U_{LL.set})$ 或 $(U_2>U_{2.set})$; （2.131）

式中：U_{AB}、U_{BC}、U_{CA}——线电压；

$\quad$ $U_{LL.set}$——低电压定值；

$\quad$ U_2——负序电压；

$\quad$ $U_{2.set}$——负序电压定值。

④ 零序方向过流保护

PST 1200U 系列数字式变压器保护装置零序方向过流保护的方向元件所采用的零序电流、零序电压为变压器各侧自产的零序电流、零序电压。

A. 零序过流元件

零序过流元件可根据实际需求，确定选择自产零序 $3\dot{I}_0=\dot{I}_A+\dot{I}_B+\dot{I}_C$ 或专有零序电流，其动作判据为：$3I_0>I_{0L.set}$。

其中：$\dot{I}_A$、$\dot{I}_B$、$\dot{I}_C$ 为三相电流，$I_{0L.set}$ 为零序过流定值。

B. 方向元件

当方向指向变压器时，灵敏角 $-90°$；指向母线（系统）时，灵敏角 $90°$。其动作特性见图 2.68。

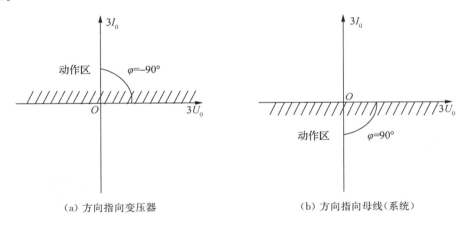

（a）方向指向变压器 $\qquad\qquad$ （b）方向指向母线（系统）

图 2.68　PST 1200U 保护装置零序方向元件动作特性

⑤ 反时限零序过流保护

PST 1200U 系列数字式变压器保护装置的反时限零序过流保护元件是动作时限与被保护元件中电流大小自然配合的保护元件，当电流大时，保护动作时限短，而当电流小时，动作时限长，可同时满足速动性和选择性的要求。

PST 1200U 系列数字式变压器保护装置的反时限零序过流保护元件采用的反时限曲线公式如下：

$$t=\frac{0.14T_p}{\left(\dfrac{I}{I_p}\right)^C-1}$$

式中：T_p——零序反时限时间常数；

I_p——反时限零序电流基准电流；

C——零序反时限特性常数，固定为普通反时限 0.02；

I——故障电流；

t——跳闸时间。

说明：零序反时限保护启动计时门槛为零序电流大于 1.1 倍基准值，当 $3I_0$ 大于反时限零序电流启动值，且累计时间大于 90s 时，只是告警而不跳闸，并闭锁保护该项功能。

4）保护动作逻辑

（1）差动速断保护动作逻辑

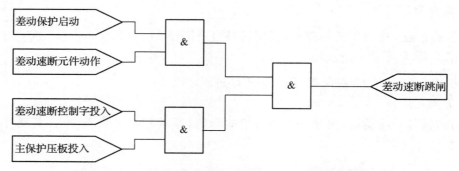

图 2.69　PST 1200U 变压器保护装置差动速断保护逻辑框图

（2）稳态量比率差动保护动作逻辑

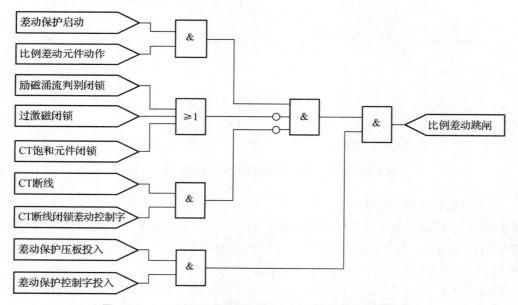

图 2.70　PST 1200U 变压器保护装置比率差动保护逻辑框图

（3）故障分量比率差动保护动作逻辑

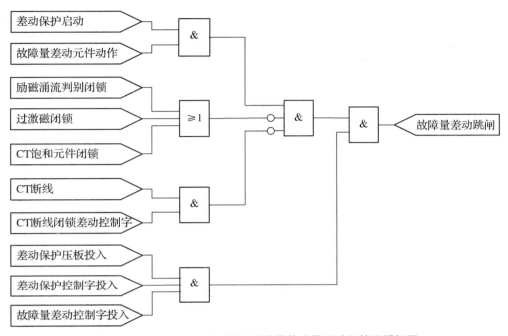

图 2.71　PST 1200U 变压器保护装置故障量差动保护逻辑框图

（4）相间阻抗保护动作逻辑

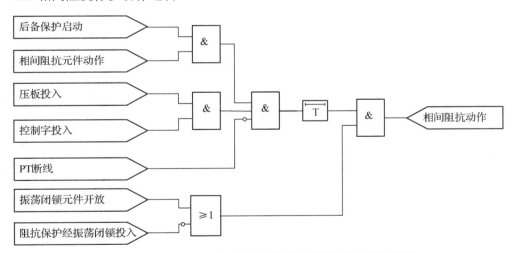

图 2.72　PST 1200U 变压器保护装置相间阻抗保护逻辑框图

（5）接地阻抗保护动作逻辑

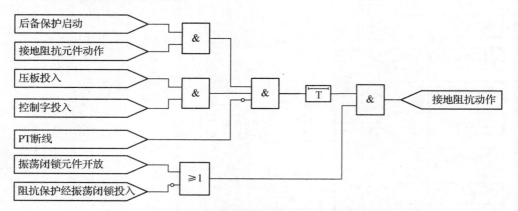

图 2.73　PST 1200U 变压器保护装置接地阻抗保护逻辑框图

（6）复合电压闭锁过流保护动作逻辑

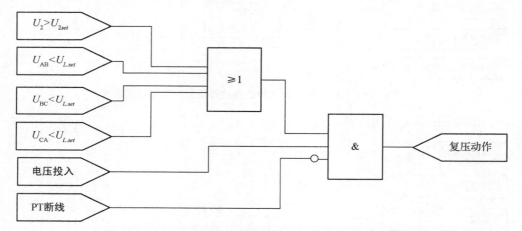

图 2.74　PST 1200U 变压器保护装置一侧复压保护逻辑框图

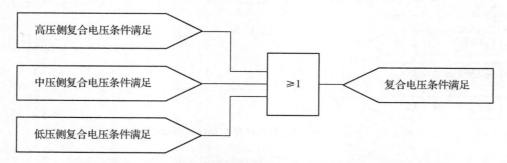

图 2.75　PST 1200U 变压器保护装置高、中、低压侧复压保护逻辑框图

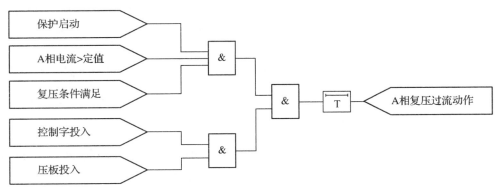

图 2.76　PST 1200U 保护装置复合电压过流保护(以 A 相过流为例)逻辑框图

(7) 零序方向过流保护动作逻辑

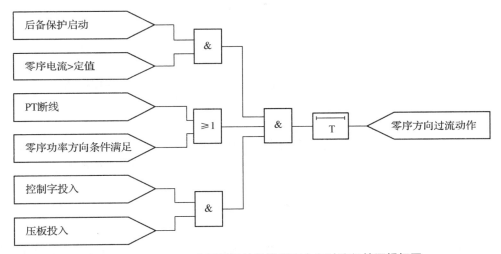

图 2.77　PST 1200U 变压器保护装置零序方向过流保护逻辑框图

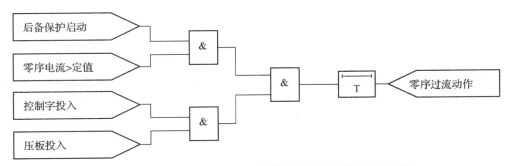

图 2.78　PST 1200U 变压器保护装置零序过流保护逻辑框图

2.6.2.2　SG T756 数字式变压器保护装置(智能站)

　　SG T756 系列数字式变压器保护装置是以差动保护和后备保护为基本配置的成套变压器保护装置,适用于 1 000 kV、750 kV、500 kV、330 kV、220 kV 电压等级大型电力变压器。

装置支持电子式互感器 IEC 61850-9-2 和常规互感器接入方式，支持 GOOSE 跳闸方式，装置满足电力行业通信标准 DL/T 667—1999（IEC 60870-5-103）和新一代变电站通信标准 IEC 61850。

SG T756 系列数字式变压器保护装置与 PST 1200U 系列数字式变压器保护装置在保护原理上是一致的，在此不再赘述。

2.6.3 智能变电站自动装置

SSE 520U 频率电压紧急控制装置主要用于变电站实现低周低压减载控制，也可以用于电厂联络线低频低压解列控制，以及水电厂实现低频自启动功能。

1）装置适用范围

SSE 520U 装置适用于常规变电站、智能变电站，集成了变电站通信标准 IEC 61850，同时支持电力行业通信标准 DL/T 667—1999（IEC 60870-5-103）。

2）装置主要功能

减载功能：就地低频、低压减载。

解列功能：就地低频、低压解列。

测量功能：可同时测量两段母线或两条联络线的电压、频率，作为判别的依据。

出口矩阵：自由选择的出口最多可达 50 路；电压及频率出口独立，每一出口可自由整定为任一功能的任一轮级出口。

滑差加速功能：当有功或无功缺额较大时，频率或电压会快速变化，该装置具有 $\mathrm{d}f/\mathrm{d}t$ 及 $\mathrm{d}u/\mathrm{d}t$ 元件，可加速切除基本轮的负荷线路，使频率、电压尽快恢复，防止频率或电压崩溃事故发生。

闭锁功能：本装置设有频率滑差闭锁及电压变化率闭锁元件，以防止短路故障、负荷反馈、频率或电压异常等情况下的误动作。

分列运行：设有分列运行压板，可以实现在两段母线分列运行时，各母线动作逻辑、动作出口完全独立；两段母线并列运行时，采用统一的动作逻辑和动作出口。

智能变电站接口功能：可接入 SV 信号，支持 GOOSE 跳闸。

3）装置工作原理

（1）测量元件及电压、频率变化率计算

SSE 520U 装置对所输入的两段母线三相交流电压 $\dot{U}_a$、$\dot{U}_b$、$\dot{U}_c$ 分别进行采样，采样周期为一个工频周期 24 点，即 0.833 ms（50 Hz 系统），电压幅值采用全波傅氏算法计算，频率值采用软件算法计算得到。电压变化率和频率变化率计算公式为：

$$\mathrm{d}U/\mathrm{d}t = 25(U_t - U_{t-0.04}) \tag{2.132}$$

$$\mathrm{d}f/\mathrm{d}t = 10(f_t - f_{t-0.1}) \tag{2.133}$$

式中：U_t 及 $U_{t-0.04}$ 分别为 t 时刻及从 t 时刻前推 0.04 s 的电压幅值（50 Hz 系统）；

f_t 及 $f_{t-0.1}$ 分别为 t 时刻及从 t 时刻前推 0.1 s 的频率值（50 Hz 系统）。

（2）启动元件

SSE 520U 装置启动元件用于开放紧急控制处理程序及出口继电器的动作电源，其主要包括两个启动条件,即低压和低频启动条件。

低频启动条件为:

$$f \leqslant f_{qd} \text{ 且 } t \geqslant t_{fqd} \tag{2.134}$$

式中:f_{qd} 和 t_{fqd} 分别为低频启动定值和低频启动延时定值。

低压启动条件为:

$$U_1 \leqslant U_{qd} \text{ 且 } t \geqslant t_{Uqd} \tag{2.135}$$

式中:U_1、U_{qd} 和 t_{Uqd} 分别为正序电压值、低压启动定值和低压启动延时定值。

（3）闭锁元件

① 频率闭锁

当系统运行频率超出正常范围时,即小于 45 Hz 或大于 55 Hz,则闭锁动作;

当系统频率滑差（df/dt）大于频率滑差闭锁定值,则闭锁动作;频率滑差闭锁后频率必须恢复至启动值以上才解除闭锁。

当系统电压小于低压闭锁低周定值时,$U_1 \leqslant K_{LY}U_N$（K_{LY} 一般取 0.6）,则闭锁动作。

② 电压闭锁

当系统正序电压滑差（dU/dt）大于电压滑差闭锁定值,则闭锁动作;

当系统单相失压时,即 $U_\varphi \leqslant 0.2U_N$（$U_\varphi$ 为相电压）,则闭锁动作;

当系统电压不平衡,即 $3U_0 > 0.15U_N$ 或 $U_2 > 0.15U_N$（U_0 为零序电压,U_2 为负序电压）,电压闭锁动作。

（4）低频减载

SSE 520U 装置配置有 5 轮基本轮、3 轮特殊轮低频减载、2 轮低频滑差加速减载等功能。各个轮依次动作,若某轮次未投入,不影响后续轮次的动作。各个轮次的判别条件如表 2.1 所示。

表 2.1 SSE 520U 装置低频减载基本轮次动作表

动作顺序	动作判别条件		动作结果
1	$f \leqslant f_{qd} \text{ 且 } t \geqslant t_{fqd}$		低频启动
2	$f \leqslant f_1$	$-\mathrm{d}f/\mathrm{d}t \leqslant (\mathrm{d}f/\mathrm{d}t)_1 \text{ 且 } t \geqslant t_{f1}$	低频第 1 轮动作
		$(\mathrm{d}f/\mathrm{d}t)_1 \leqslant -\mathrm{d}f/\mathrm{d}t \leqslant (\mathrm{d}f/\mathrm{d}t)_2 \text{ 且 } t \geqslant t_{df1}$	滑差加速的第 1 轮动作,加速切低频第 1、2 轮
		$(\mathrm{d}f/\mathrm{d}t)_2 \leqslant -\mathrm{d}f/\mathrm{d}t \leqslant (\mathrm{d}f/\mathrm{d}t)_n \text{ 且 } t \geqslant t_{df2}$	滑差加速的第 2 轮动作,加速切低频第 1、2、3 轮
3	$f \leqslant f_2 \text{ 且 } t \geqslant t_{f2}$		低频第 2 轮动作
4	$f \leqslant f_3 \text{ 且 } t \geqslant t_{f3}$		低频第 3 轮动作
5	$f \leqslant f_4 \text{ 且 } t \geqslant t_{f4}$		低频第 4 轮动作
6	$f \leqslant f_5 \text{ 且 } t \geqslant t_{f5}$		低频第 5 轮动作

表 2.2　SSE 520U 装置低频减载特殊轮次动作表

动作顺序	动作判别条件	动作结果
1	$f \leqslant f_{qd}$ 且 $t \geqslant t_{fqd}$	低频启动
2	$f \leqslant f_{t1}$ 且 $t \geqslant t_{t1}$	低频特殊第 1 轮动作
3	$f \leqslant f_{t2}$ 且 $t \geqslant t_{t2}$	低频特殊第 2 轮动作
4	$f \leqslant f_{t3}$ 且 $t \geqslant t_{t3}$	低频特殊第 3 轮动作

（5）低压减载

SSE 520U 装置配置有 5 轮基本轮、3 轮特殊轮低压减载、2 轮低压滑差加速减载等功能。各个轮依次动作，若某轮次未投入，不影响后续轮次的动作。各个轮次的判别条件如表 2.3 所示。

表 2.3　SSE 520U 装置低压减载基本轮次动作表

动作顺序	动作判别条件		动作结果
1	$U \leqslant U_{qd}$ 且 $t \geqslant t_{Uqd}$		低压启动
2	$U \leqslant U_1$	$-dU/dt \leqslant (dU/dt)_1$ 且 $t \geqslant t_{U1}$	低压第 1 轮动作照
		$(dU/dt)_1 \leqslant -dU/dt \leqslant (dU/dt)_2$ 且 $t \geqslant t_{dU1}$	滑差加速的第 1 轮动作，加速切低压第 1、2 轮
		$(dU/dt)_2 \leqslant -dU/dt \leqslant (dU/dt)_n$ 且 $t \geqslant t_{dU2}$	滑差加速的第 2 轮动作，加速切低压第 1、2、3 轮
3	$U \leqslant U_2$ 且 $t \geqslant t_{U2}$		低压第 2 轮动作
4	$U \leqslant U_3$ 且 $t \geqslant t_{U3}$		低压第 3 轮动作
5	$U \leqslant U_4$ 且 $t \geqslant t_{U4}$		低压第 4 轮动作
6	$U \leqslant U_5$ 且 $t \geqslant t_{U5}$		低压第 5 轮动作

表 2.4　SSE 520U 装置低压减载特殊轮次动作表

动作顺序	动作判别条件	动作结果
1	$U \leqslant U_{qd}$ 且 $t \geqslant t_{Uqd}$	低压启动
2	$U \leqslant U_{t1}$ 且 $t \geqslant t_{t1}$	低压特殊第 1 轮动作
3	$U \leqslant U_{t2}$ 且 $t \geqslant t_{t2}$	低压特殊第 2 轮动作
4	$U \leqslant U_{t3}$ 且 $t \geqslant t_{t3}$	低压特殊第 3 轮动作

4）装置动作逻辑
（1）低频减载动作逻辑

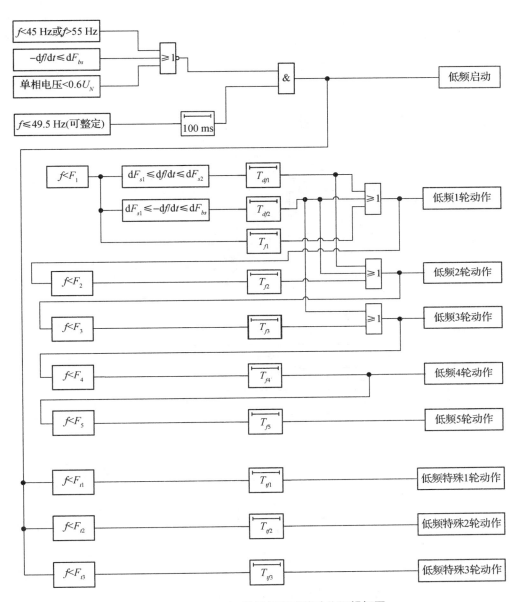

图 2.79　SSE 520U 装置低频减载动作逻辑框图

图中：

① f——频率，$\mathrm{d}f/\mathrm{d}t$——频率变化率，U_N——系统额定电压；

② $\mathrm{d}F_{s1}$，$\mathrm{d}F_{s2}$——低频加速定值，$\mathrm{d}F_{bs}$——低频滑差闭锁定值；

③ $F_1 \sim F_5$——低频 1～5 轮频率定值，$F_{t1} \sim F_{t3}$——低频特殊 1～3 轮频率定值；

④ $T_{f1} \sim T_{f5}$——低频 1～5 轮时间定值，$T_{tf1} \sim T_{tf3}$——低频特殊 1～3 轮时间定值；

⑤ T_{df1}，T_{df2}——低频滑差加速第 1、2 轮时间定值。

（2）低压减载动作逻辑

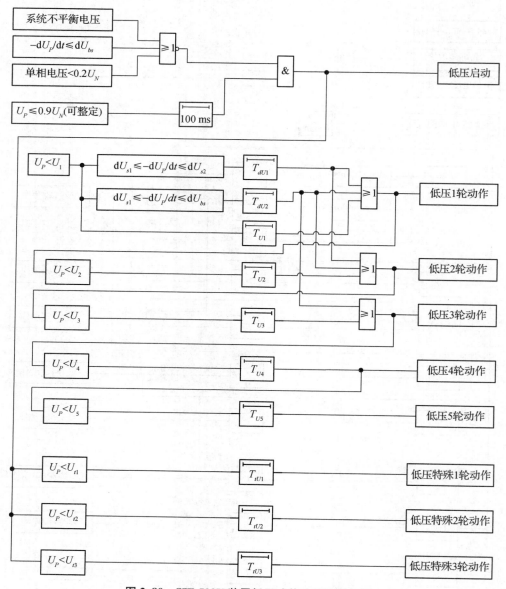

图 2.80　SSE 520U 装置低压减载动作逻辑框图

图中：

① U_P——正序电压，dU_P/dt——正序电压变化率，U_N——系统额定电压；

② dU_{s1}，dU_{s2}——低压加速定值，dU_{bs}——低压滑差闭锁定值；

③ $U_1 \sim U_5$——低压 1～5 轮电压定值，$U_{t1} \sim U_{t3}$——低压特殊 1～3 轮电压定值；

④ $T_{U1} \sim T_{U5}$——低压 1～5 轮时间定值，$T_{tU1} \sim T_{tU3}$——低压特殊 1～3 轮时间定值；

⑤ T_{dU1}，T_{dU2}——低压滑差加速第 1、2 轮时间定值。

3 智能变电站综合自动化实验系统

3.1 电力系统智能变电站综合自动化实验室概况

电力系统智能变电站综合自动化实验室是按照《继电保护和安全自动装置技术规程》(GB/T 14285—2006)、《继电保护和安全自动装置基本试验方法》(GB/T 7261—2016)、《电力系统继电保护产品动模试验》(GB/T 26864—2011)、《电力系统安全稳定控制技术导则》(DL/T 723—2000)、《220 kV～500 kV 电力系统故障动态记录装置检测要求》(DL/T 663—1999)、《变电站通信网络和系统》(DL/T 860—2006)等各种电力行业标准的要求而建设的;智能变电站综合自动化实验室一、二次系统、控制测量系统及监控系统的构成等方面在进行设计时,主要基于典型数字化智能变电站软硬件结构为基础,通过软硬件模拟以满足相关实验的教学要求。

该实验室的主要硬件设备来自国内企业,并通过软硬件改造以适应实验教学服务功能;其主要硬件设备包括一面 220 kV 线路保护屏,一面 220 kV 母线保护、母联保护屏,一面 220 kV 变压器保护屏,一面 220 kV 主变高压侧智能控制柜,一面 110 kV 线路保护及低周减载屏,一面网络分析及故障录波屏,一面低压保护屏,以及一面远动柜。

该实验室硬件布置如图 3.1 所示。

该实验室的软硬件是基于 IEC 61850 标准建设的,可用于实现各类基于智能变电站的继电保护、自动装置及变电站自动化系统实验,继电保护实验主要有三类:变压器保护实验、线路保护实验和母线保护实验;自动装置实验主要包括电力系统低周减载实验、无功补偿控制实验、五防监控操作实验等,其典型系统结构如图 3.2 所示。

在图 3.2 中,根据 IEC 61850 标准,整个系统分为三层结构,即站控层、间隔层和过程层,各层通过网络进行连接,每一层功能相对独立,其主要功能在第 1 章已阐述,在此不再赘述。本教程实验主要是通过图 3.2 中的"实验 GOOSE 交换机"与实验测试设备的连接,实现 SMV 及 GOOSE 信号报文的交换,将故障电压、电流信号量送入系统,从而模拟电力系统中发生的各种非正常及故障现象,真实再现电力系统运行过程中的各种行为,测试与验证各种继电保护与自动装置的功能,达到实验教学的目的。

图 3.1　变电站自动化实验室硬件布置图

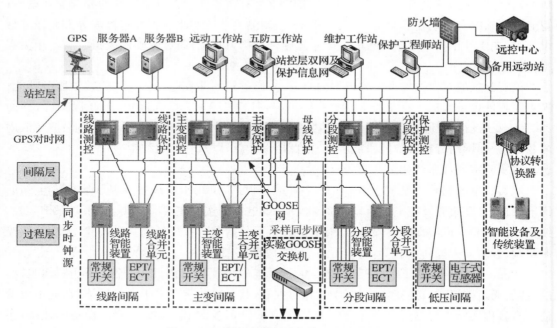

图 3.2　智能变电站自动化典型系统结构图

3.2　智能变电站综合自动化实验原理及系统测试环境

　　智能变电站综合自动化实验系统采用基于 IEC 61850 标准的数字模拟与物理模拟相结合的混合模拟实验方法。其基本原理是：以智能变电站所装设的继电保护与自动装置为基础，先根据模拟典型电网主接线，利用仿真工具进行正常运行及故障情况下的仿真模拟计算，得到各种运行状况下的电压、电流数字量；然后，将这些数字量通过试验测试装置转换并生成电力系统各种运行状况下的电压与电流数字 SMV 报文，再经智能变电站的网络交换机送入继电保护与自动装置中，以模拟电网运行的各种故障现象，通过保护装置或自动装置的动作情况，理解继电保护与自动装置的原理，其基本原理结构如图 3.3 所示。

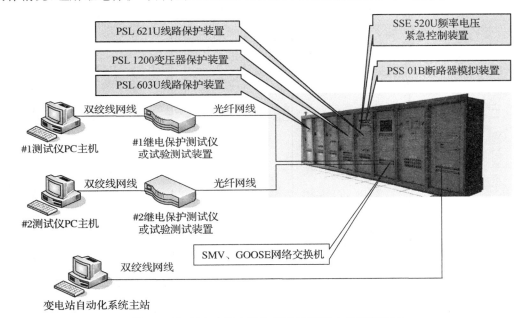

图 3.3　智能变电站自动化实验系统基本原理结构图

3.3　智能变电站综合自动化实验室实验系统主接线

3.3.1　智能变电站综合自动化实验室实验系统一次主接线

　　电力系统智能变电站综合自动化实验室的一次主接线主要以典型 220 kV 变电站主接线为蓝本，其模拟一次系统接线分为线路保护模拟主接线和变压器保护模拟主接线。

　　智能变电站综合自动化实验室模拟一次主接线如图 3.4 所示。

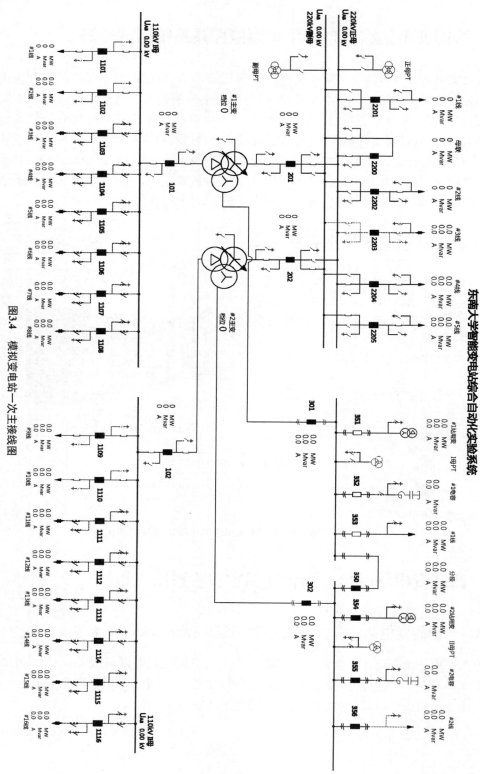

图3.4　模拟变电站一次主接线图

3.3.2 智能变电站综合自动化实验主接线原理与结构

为了使实验能够体现电力系统的完整概念,实验系统将变电站主接线作为典型电网的一部分,其运行环境及实时运行参数与模拟电网一致。

变电站与模拟电网的关系如下。

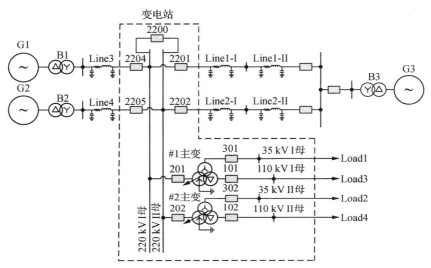

图 3.5 变电站主接线与模拟电网关系图

对于线路保护实验,其简化后的模拟主接线如图 3.6 所示。

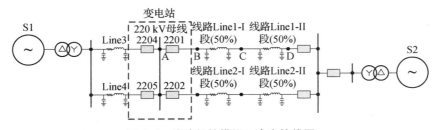

图 3.6 线路保护模拟一次主接线图

其中,断路器 2204 及 2205 为变电站电源进线断路器,2201 及 2202 为线路出口断路器。为简化系统模拟的复杂性,断路器 2204 及 2205 及其相关继电保护行为的模拟暂不考虑,只针对断路器 2201 或 2202 的保护行为进行实验模拟。

对于变压器保护实验,其简化后的模拟主接线如图 3.7 所示。

其中,断路器 2204 及 2205 为变电站电源进线断路器,201 及 202 为变压器与 220 kV 母线连接的断路器。为简化系统模拟的复杂性,将原模拟系统中 G3 电源及与 220 kV 母线所连线路部分去掉,断路器 301、302、101、102 为变压器 110 kV 及 35 kV 侧与母线相连的断路器,只针对变压器及及其出口断路器 201、202、301、302、101、102 的保护行为进行实验模拟。

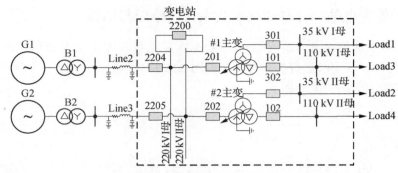

图 3.7　变压器保护模拟一次主接线图

3.4　电力系统智能变电站综合自动化实验系统的主要设备

电力系统智能变电站自动化实验系统的主要设备由监控主站、保护装置屏柜、继电保护测试仪、专用试验测试装置等部分组成,其主要操作是在监控主站和继电保护测试仪或专用试验测试装置上进行的。

电力系统智能变电站自动化实验系统的屏柜主要包括 220 kV 线路保护屏,220 kV 母线保护、母联保护屏,220 kV 变压器保护屏,220 kV 主变高压侧智能控制柜,110 kV 线路保护及低周减载屏,网络分析及故障录波屏及低压保护屏等。

3.4.1　220 kV 线路保护屏

该 220 kV 线路保护屏包含的主要设备有:PSL 602/603U 系列线路保护装置、PSR 662 综合测控装置等。

PSL 602/603U 系列线路保护装置(智能站)可用作智能化变电站 220 kV 及以上电压等级输电线路的主、后备保护。PSL 602U 系列是以纵联距离作为全线速动保护,PSL 603U 系列是以纵联电流差动(分相电流差动和零序电流差动)作为全线速动保护,电流差动保护以 2 048 kbit/s 速率连接专用光纤通道或复用光纤通道。装置还设有快速距离保护、三段相间、接地距离保护、零序方向过流保护、零序反时限过流保护等功能,在某些特殊功能要求下,还配置了过电压保护及远方跳闸功能。保护装置分相跳闸出口具有自动重合闸功能,可实现单相重合闸、三相重合闸、禁止重合闸和停用重合闸功能。

220 kV 线路保护屏共有三台保护装置,分别为两台 PSL 603U 系列线路保护装置及一台 PSL 602U 系列线路保护装置。其中,一台 PSL 603U 和一台 PSL 602U 作为变电站出线 ♯1 和 ♯2 线路的保护装置,另一台 PSL 603U 作为 ♯1 线路对侧的线路纵联差动保护装置而进行配置的。

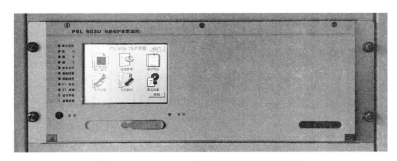

图 3.8　PSL 603U 线路保护装置面板图

主要保护功能如下：

（1）线路纵联方向与纵联距离保护；

（2）线路快速距离保护；

（3）三段式相间距离保护；

（4）三段式接地距离保护；

（5）两段定时限零序保护、反时限零序保护；

（6）后备保护：

① 复压闭锁（方向）过流保护；

② 零序（方向）过流保护；

③ 过负荷告警；

④ CT、PT 断线告警。

3.4.2　220 kV 母线保护、母联保护屏

220 kV 母线、母联保护屏包含的主要设备有：SG B750 系列数字式母线保护装置、PSL 633U 母联保护装置、PSIU 601 分相智能操作箱等。

SG B750 系列数字式母线保护装置适用于 110 kV～750 kV 各电压等级的各种接线方式的母线，最大主接线规模为 24 个单元，对于中性点不接地系统 A、C 两相式的配置方式，最大可达 36 个单元。可作为发电厂、变电站母线的成套保护装置。

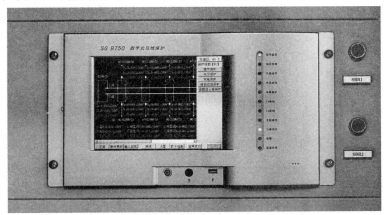

图 3.9　SG B750 数字式母线保护装置面板图

3.4.3　220 kV 变压器保护屏

220 kV 变压器保护屏包含的主要设备有:SG T756 系列数字式变压器保护装置、PST 1200U 系列数字式变压器保护装置、PSIU 601 分相智能操作箱等。

SG T756 系列数字式变压器保护装置是以差动保护和后备保护为基本配置的成套变压器保护装置,适用于 1 000 kV、750 kV、500 kV、330 kV、220 kV 电压等级大型电力变压器。

PST 1200U 系列数字式变压器保护装置是以差动保护、后备保护和非电量保护为基本配置的成套变压器保护装置,适用于 1 000 kV、750 kV、500 kV、330 kV、220 kV、110 kV 电压等级大型电力变压器。

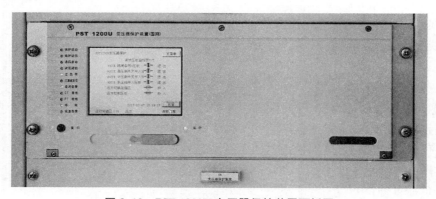

图 3.10　PST 1200U 变压器保护装置面板图

SG T756 及 PST 1200U 系列数字式变压器保护装置可实现全套变压器电气量保护,各保护功能由软件实现。装置包括多种原理的差动保护,并含有全套后备保护功能模块库,可根据需要灵活配置,功能调整方便。

主要保护功能如下:

(1) 纵联差动保护;

(2) 差动速断保护;

(3) 稳态比率差动保护;

(4) 故障量差动保护。

(5) 后备保护:

① 复压闭锁(方向)过流保护;

② 零序(方向)过流保护;

③ 过负荷告警;

④ CT、PT 断线告警。

3.4.4　220 kV 主变高压侧智能控制柜

220 kV 主变高压侧智能控制柜包含的主要设备有:PSIU 641 开关智能单元、PSIU 602 主变智能单元、PSMU 602 合并单元、PSIU 601 分相智能操作箱等。

PSIU 641 开关智能单元适用于 66 kV 以下电压等级的开关,集采样合并器与操作箱功能于一体。

PSMU 602 合并单元是新一代数字化采样装置,适用于 110 kV(66 kV)及以上各电压等级智能变电站,配合传统电流、电压互感器,实现二次输出模拟量的数字采样及同步。

PSIU 601 系列智能单元适用于分相断路器、三相断路器、大中型主变压器等。对于双跳圈单合圈(或双合圈)的断路器,可通过配置两台同型号的智能单元对应于保护的双重化配置。该单元具有变压器非电量保护功能,也具有油温档位测控功能,非电量保护可选择经 CPU 或不经 CPU 由传统继电器回路直接跳闸。

3.4.5　110 kV 线路保护及低周减载屏

110 kV 线路保护及低周减载屏包含的主要设备有:两台 PSS 01B 断路器模拟装置、SSE 520U 频率电压紧急控制装置、PSL 621U 系列线路保护装置、PSIU 621 三相智能操作箱等。

PSL 621U 线路保护装置(智能站)适用于 110 kV 中性点直接接地系统输电线路的保护,集成了主、后备保护及重合闸功能,可用作智能化变电站 110 kV 及以下电压等级输电线路的主、后备保护。

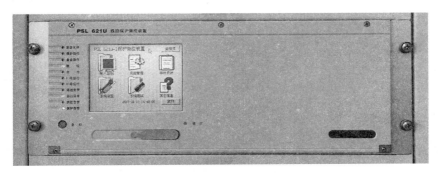

图 3.11　PSL 621U 线路保护装置面板图

主要保护功能如下:
(1) 纵联电流差动;
(2) 纵联距离零序;
(3) 纵联三端电流差动;
(4) 其他后备保护:
① 三段式相间距离;
② 三段式接地距离;
③ 四段式零序电流;
④ 两段式相过流。

3.4.6　网络分析及故障录波屏

网络分析及故障录波屏包含的主要设备有:PSX 610G 通信服务器、DRL 600DN 故障录波及网络记录分析一体化装置、PSW 618D 系列工业以太网交换机等。

PSX 610G 通信服务器适用于各电压等级电厂、变电站综合自动化系统中的远动通信及站内通信交换。

DRL 600DN 故障录波及网络记录分析一体化装置，用于故障录波，可对实验过程中的故障电压电流等测量参数进行录波、回放及分析。

PSW 618D 系列工业以太网交换机，用于变电站过程层、站控层的报文交换。

3.4.7　低压保护屏

低压保护屏包含的主要设备有：PSC 641U 电容器保护测控装置、PST 645U 变压器保护测控装置、PSL 641U 线路保护测控装置等。

PSC 641U 电容器保护测控装置是以电流、电压保护和不平衡量保护为基本配置，同时集成了各种测量和控制功能的多功能装置，适用于 35 kV 及以下电压等级的并联电容器的保护与测控。

PST 645U 变压器保护测控装置适用于 110 kV 以下电压等级的非直接接地系统或小电阻接地中站用变或接地变，既可组屏安装，也可就地安装。

PSL 641U 线路保护测控装置以电流电压保护为基本配置，同时集成了各种测量和控制功能，适用于 66 kV 及以下电压等级的配电线路。

3.4.8　远动柜

远动柜包含的主要设备有：PSX 610G 通信服务器、PSK 601B 时间同步装置、PSW 618D 系列工业以太网交换机等。

PSX 610G 通信服务器用于变电站综合自动化系统中的远动通信及站内通信交换。

PSK 601B 时间同步装置用于变电站综合自动化系统中的时钟同步源。

PSW 618D 系列工业以太网交换机，用于变电站的站控层通信网络报文交换。

3.5　综合自动化实验中所涉及元件及装置的主要参数

3.5.1　综合自动化实验系统模拟电网主要元件参数

智能变电站综合自动化实验系统中所涉及的主要参数包括模拟电网的电源、输电线路及变压器等元件参数，主要参数如下：

表 3.1　模拟电网线路元件参数表

线路名称	线路长度(km)	正序电阻 R_1 (Ω/km)	正序电抗 X_1 (Ω/km)	正序电容 C_1 (Ω/km)	零序电阻 R_0 (Ω/km)	零序电抗 X_0 (Ω/km)	零序电容 C_0 (Ω/km)
Line1	100.0	3.5745e−2	5.0776e−1	3.2712e−3	3.6315e−1	1.3265	2.3227e−3
Line2	100.0	3.5745e−2	5.0776e−1	3.2712e−3	3.6315e−1	1.3265	2.3227e−3
Line3	0.5	8.1494e+3	77.1472e+3	5.46e+2	36.6064e+3	243.776e+3	3.88e+2
Line4	0.5	8.1494e+3	77.1472e+3	5.46e+2	36.6064e+3	243.776e+3	3.88e+2

表 3.2　模拟电网电源元件参数表

电源名称	发变组容量（MVA）	等效阻抗（Ω）	电压等级（kV）
G1-B1	100.0	17.95	230.0
G2-B2	100.0	17.95	230.0
G3-B3	100.0	3.8	230.0

表 3.3　模拟电网变压器元件参数表

变压器名称	变压器容量（MVA）	额定电压（kV）			额定电流（A）		
		高压侧	中压侧	低压侧	高压测	中压侧	低压侧
#1 主变	120.0	220.0	121.0	35.0	600.0	1 200.0	2 000.0
#2 主变	120.0	220.0	121.0	35.0	600.0	1 200.0	2 000.0

3.5.2　综合自动化实验系统主要设备定值参数

智能变电站综合自动化实验系统中所涉及的保护装置主要定值参数如下列表所示。

1）PSL 603U 装置参数定值表

表 3.4　PSL 603U 装置参数定值整定表

序号	整定值名称	简称	整定值	MAX	MIN	单位
00	定值区号	DZ	1	31	0	32 位整数
01	被保护设备	ZZSB	PSL 600U 保护	32	0	字符串
02	*CT 一次额定值*	TA1C	1 600.000	15 000.000	1.000	实数式电流 A
03	*CT 二次额定值*	TA2C	5.000	5.000	1.000	实数式电流 A
04	*PT 一次额定值*	TV1C	220.000	1 200.000	1.000	实数式电压 kV
05	通道类型	TDLX	0:专用光纤	3	0	控制字

注：表中"整定值名称"栏为斜体字所示的定值是实验中需要重点关注的。

2）PSL 603U 装置保护定值表

表 3.5　PSL 603U 装置保护定值整定表

序号	整定值名称	简称	整定值	MAX	MIN	单位
00	*变化量启动电流定值*	TBQD	0.500	2.500	0.050	实数式电流 A
01	*零序启动电流定值*	I0QD	0.500	2.500	0.050	实数式电流 A
02	差动动作电流定值	FXCD	1.000	10.000	0.050	实数式电流 A
03	本侧识别码	BCB1	101	65 535	0	32 位整数
04	对侧识别码	DCB1	101	65 535	0	32 位整数
05	*线路正序阻抗定值*	Z1	20.000	655.350	0.010	实数式阻抗 Ω

序号	整定值名称	简称	整定值	MAX	MIN	单位
06	线路正序灵敏角	ZXJD	80.000	89.000	55.000	角度(°)
07	线路零序阻抗定值	Z0	20.000	655.350	0.010	实数式阻抗 Ω
08	线路零序灵敏角	LXJD	80.000	89.000	55.000	角度(°)
09	线路正序容抗定值	ZXRK	316.360	6 000.000	8.000	实数式阻抗 Ω
10	线路零序容抗定值	LXRK	488.660	6 000.000	8.000	实数式阻抗 Ω
11	线路总长度	XLCD	100.000	655.350	0.000	距离 km
12	接地距离Ⅰ段定值	ZD1	2.000	125.000	0.010	实数式阻抗 Ω
13	接地距离Ⅱ段定值	ZD2	4.000	125.000	0.010	实数式阻抗 Ω
14	接地距离Ⅱ段时间	TD2	1.000	10.000	0.010	时间 s
15	接地距离Ⅲ段定值	ZD1	6.000	125.000	0.010	实数式阻抗 Ω
16	接地距离Ⅲ段时间	TD1	2.000	10.000	0.010	时间 s
17	相间距离Ⅰ段定值	ZX1	2.000	125.000	0.010	实数式阻抗 Ω
18	相间距离Ⅱ段定值	ZX2	4.000	125.000	0.010	实数式阻抗 Ω
19	相间距离Ⅱ段时间	TX2	1.000	10.000	0.010	时间 s
20	相间距离Ⅲ段定值	ZX3	6.000	125.000	0.010	实数式阻抗 Ω
21	相间距离Ⅲ段时间	TX3	2.000	10.000	0.010	时间 s
22	负荷限制电阻定值	JLDZ	7.000	125.000	0.010	实数式阻抗 Ω
23	零序过流Ⅱ段定值	I02	4.000	100.000	0.050	实数式电流 A
24	零序过流Ⅱ段时间	T02	1.000	100.000	0.010	时间 s
25	零序过流Ⅲ段定值	I03	3.000	100.000	0.050	实数式电流 A
26	零序过流Ⅲ段时间	T03	2.000	100.000	0.010	时间 s
27	零序过流加速段定值	I0JS	3.000	100.000	0.050	实数式电流 A
28	PT断线相过流定值	IDX	3.000	100.000	0.050	实数式电流 A
29	PT断线零序过流定值	IODX	3.000	100.000	0.050	实数式电流 A
30	PT断线过流时间	TODX	1.000	10.000	0.100	时间 s
31	单相重合闸时间	T1	0.500	10.000	0.100	时间 s
32	三相重合闸时间	T3	0.500	10.000	0.100	时间 s
33	同期合闸角	TQ	30.000	90.000	0.000	角度(°)
34	电抗器阻抗定值	BLDK	806.760	9 000.000	1.000	实数式阻抗 Ω
35	中性点电抗器阻抗定值	BLJD	176.000	9 000.000	1.000	实数式阻抗 Ω
36	零序反时限电流定值	I0JS	1.000	100.000	0.050	实数式电流 A

序号	整定值名称	简称	整定值	MAX	MIN	单位
37	*零序反时限时间*	FSXT	0.100	10.000	0.100	时间 s
38	*零序反时限最小时间*	FSGY	0.000	10.000	0.000	时间 s
39	不一致零负序电流定值	I02B	1.000	2.500	0.050	实数式电流 A
40	三相不一致保护时间	TBYZ	1.000	10.000	0.100	时间 s
41	CT 断线差动电流定值	TADX	0.500	100.000	0.050	实数式电流 A
42	对侧电抗器阻抗定值	DLDK	672.550	9 000.000	1.000	实数式阻抗 Ω
43	对侧中性点电抗器阻抗定值	DLJD	133.600	9 000.000	1.000	实数式阻抗 Ω
44	*快速距离阻抗定值*	Zfz	1.000	125.000	0.100	实数式阻抗 Ω
45	*零序电抗补偿系数 KX*	Kx	0.670	10.000	−10.000	比例系数,无单位
46	*零序电阻补偿系数 KR*	Kr	0.670	10.000	−10.000	比例系数,无单位

注:1. 定值表中电压、电流参数均是指二次侧的值;
　　2. 表中"整定值名称"栏为斜体字所示的定值是实验中需要重点关注的。

3) PSL 603U 装置控制字表

表 3.6　PSL 603U 装置控制字整定表

序号	整定值名称	简称	整定值	MAX	MIN	单位
00	*纵联差动保护*	ZLCD	1:1—投入	1	0	0—退出,1—投入
01	CT 断线闭锁差动	TABC	1:1—投入	1	0	0—退出,1—投入
02	通信内时钟	SZF1	1:1—内时钟	1	0	0—外时钟,1—内时钟
03	电压取线路 PT 电压	XLTV	0:0—母线	1	0	0—母线,1—线路
04	振荡闭锁元件	ZDBS	1:1—投入	1	0	0—退出,1—投入
05	*距离保护 I 段*	Z1	1:1—投入	1	0	0—退出,1—投入
06	*距离保护 II 段*	Z2	1:1—投入	1	0	0—退出,1—投入
07	*距离保护 III 段*	Z3	1:1—投入	1	0	0—退出,1—投入
08	*零序电流保护*	I0Z	1:1—投入	1	0	0—退出,1—投入
09	*零序过流 III 段经方向*	I03F	0:0—退出	1	0	0—退出,1—投入
10	三相跳闸方式	TQ	0:0—退出	1	0	0—退出,1—投入
11	重合闸检同期方式	CHTQ	0:0—退出	1	0	0—退出,1—投入
12	重合闸检无压方式	CHWY	0:0—退出	1	0	0—退出,1—投入
13	II 段保护闭锁重合闸	EDTR	0:0—退出	1	0	0—退出,1—投入
14	多相故障闭锁重合闸	DXTR	0:0—退出	1	0	0—退出,1—投入
15	单相重合闸	DXCH	1:1—投入	1	0	0—退出,1—投入

序号	整定值名称	简称	整定值	MAX	MIN	单位
16	三相重合闸	SXCH	0:0—退出	1	0	0—退出,1—投入
17	禁止重合闸	JZCH	0:0—退出	1	0	0—退出,1—投入
18	停用重合闸	TYCH	0:0—退出	1	0	0—退出,1—投入
19	快速距离保护	KSJL	1:1—投入	1	0	0—退出,1—投入
20	电流补偿	DRBC	0:0—退出	1	0	0—退出,1—投入
21	*零序反时限*	I0FS	0:0—退出	1	0	0—退出,1—投入
22	三相不一致保护	SXBY	0:0—退出	1	0	0—退出,1—投入
23	不一致经零负序电流	LFBS	0:0—退出	1	0	0—退出,1—投入
24	单相 TWJ 启动重合闸	DXQD	1:1—投入	1	0	0—退出,1—投入
25	三相 TWJ 启动重合闸	SXQD	1:1—投入	1	0	0—退出,1—投入
26	单相重合闸检线路有压	SXYY	0:0—退出	1	0	0—退出,1—投入

注:表中"整定值名称"栏为斜体字所示的定值是实验中需要重点关注的。

4) PSL 603U 装置保护功能软压板表

表 3.7　PSL 603U 装置保护功能软压板整定表

序号	名称	状态
00	*纵联差动保护*	投入
01	停用重合闸	退出
02	检修压板	退出
03	远方修改定值	退出
04	GOOSE_跳闸出口	投入
05	GOOSE_启动失灵	投入
06	GOOSE_重合闸出口	投入
07	GOOSE_三相不一致出口	退出
08	远方跳闸 GOOSE 接收	投入
09	智能终端 GOOSE 接收	退出
10	母差 GOOSE 接收	退出
11	SV 接收软压板	投入

注:表中"名称"栏为斜体字的是实验中需要重点关注的。

5）PSL 621U 装置参数定值表

表 3.8　PSL 621U 装置参数定值整定表

序号	整定值名称	简称	整定值	MAX	MIN	单位
00	定值区号	DZ	1	31	0	32 位整数
01	被保护设备	ZZSB	PSL 620U 保护	32	0	字符串
02	*CT 一次额定值*	TA1C	600.000	9 999.000	100.000	实数式电流 A
03	*CT 二次额定值*	TA2C	5.000	5.000	1.000	实数式电流 A
04	*PT 一次额定值*	TV1C	110.000	1 000.000	35.000	实数式电压 kV

注：表中"整定值名称"栏为斜体字所示的定值是实验中需要重点关注的。

6）PSL 621U 装置保护定值表

表 3.9　PSL 621U 装置保护定值整定表

序号	整定值名称	简称	整定值	MAX	MIN	单位
00	线路总长度	XLCD	100.000	1 000.000	0.100	距离 km
01	零序电阻补偿系数	Kr	0.670	10.000	−10.000	比例系数,无单位
02	零序电抗补偿系数	Kx	0.670	10.000	−10.000	比例系数,无单位
03	线路正序阻抗角	XLZJ	80.000	89.000	30.000	角度(°)
04	线路正序电阻	BZXZ	1.000	1 000.000	0.001	实数式阻抗 Ω
05	线路正序电抗	ZXDK	5.600	1 000.000	0.001	实数式阻抗 Ω
06	变化量启动电流定值	TBQD	0.500	5.000	0.040	实数式电流 A
07	零序启动电流定值	I0QD	0.500	200.000	0.040	实数式电流 A
08	距离电阻定值	JLDZ	7.000	200.000	0.050	实数式阻抗 Ω
09	相间距离Ⅰ段阻抗	ZX1	4.000	200.000	0.010	实数式阻抗 Ω
10	相间距离Ⅰ段时间	TX1	0.000	10.000	0.000	时间 s
11	相间距离Ⅱ段阻抗	ZX2	6.000	200.000	0.010	实数式阻抗 Ω
12	相间距离Ⅱ段时间	TX2	0.500	10.000	0.000	时间 s
13	相间距离Ⅲ段阻抗	ZX3	8.000	200.000	0.010	实数式阻抗 Ω
14	相间距离Ⅲ段时间	TX3	2.000	10.000	0.000	时间 s
15	接地距离Ⅰ段阻抗	ZD1	4.000	200.000	0.010	实数式阻抗 Ω
16	接地距离Ⅰ段时间	TD1	0.000	10.000	0.000	时间 s
17	接地距离Ⅱ段阻抗	ZD2	6.000	200.000	0.010	实数式阻抗 Ω
18	接地距离Ⅱ段时间	TD2	0.500	10.000	0.000	时间 s
19	接地距离Ⅲ段阻抗	ZD3	8.000	200.000	0.010	实数式阻抗 Ω

序号	整定值名称	简称	整定值	MAX	MIN	单位
20	接地距离Ⅲ段时间	TD3	2.000	10.000	0.100	时间 s
21	零序过流Ⅰ段定值	I01	2.000	200.000	0.040	实数式电流 A
22	零序过流Ⅰ段时间	T01	0.000	10.000	0.000	时间 s
23	零序过流Ⅱ段电流	I02	8.000	200.000	0.040	实数式电流 A
24	零序过流Ⅱ段时间	T02	0.500	10.000	0.000	时间 s
25	零序过流Ⅲ段电流	I03	6.000	200.000	0.040	实数式电流 A
26	零序过流Ⅲ段时间	T03	2.000	10.000	0.100	时间 s
27	零序过流Ⅳ段电流	I04	1.000	200.000	0.040	实数式电流 A
28	零序过流Ⅳ段时间	T04	3.000	10.000	0.100	时间 s
29	零序过流加速段定值	I0JS	5.000	200.000	0.040	实数式电流 A
30	*相过流Ⅰ段定值*	GL1	10.000	200.000	0.040	实数式电流 A
31	*相过流Ⅰ段时间*	TGL1	1.000	10.000	0.000	时间 s
32	*相过流Ⅱ段定值*	GL2	8.000	200.000	0.040	实数式电流 A
33	*相过流Ⅱ段时间*	TGL2	1.500	10.000	0.000	时间 s
34	重合闸时间	T3	0.500	10.000	0.100	时间 s
35	同期合闸角	TQ	30.000	50.000	10.000	角度（°）
36	低频减载频率	DZHZ	49.000	49.900	45.000	频率 Hz
37	低频减载时间	DZJT	0.200	20.000	0.100	时间 s
38	低频减载闭锁电压	DZJU	70.000	100.000	10.000	实数式电压 V
39	低频减载闭锁滑差	DZJH	10.000	20.000	0.200	滑差 Hz/s
40	低压减载电压	DYJU	70.000	100.000	10.000	实数式电压 V
41	低压减载时间	DYJT	0.200	20.000	0.100	时间 s
42	闭锁电压变化率	DYDU	30.000	100.000	10.000	电压变化率、V/s
43	失灵启动电流定值	SLQI	5.000	100.000	0.040	实数式电流 A
44	过负荷电流定值	GFHI	5.000	200.000	0.200	实数式电流 A
45	过负荷时间	GFHT	6.000	9 000.000	0.100	时间 s

注:1. 定值表中电压、电流参数均是指二次侧的值;

    2. 表中"名称"栏为斜体字的是实验中需要重点关注的。

7）PSL 621U 装置保护控制字表

表 3.10 PSL 621U 装置控制字整定表

序号	整定值名称	简称	整定值	MAX	MIN	单位
00	PT 自检	PTZJ	0：退出	1	0	控制字
01	振荡闭锁元件	ZDBS	0：退出	1	0	控制字
02	距离保护Ⅰ段	Z1	1：投入	1	0	控制字
03	距离Ⅲ段偏移	Z3PY	0：退出	1	0	控制字
04	重合瞬时加速距离Ⅱ段	Z2JS	0：退出	1	0	控制字
05	重合瞬时加速距离Ⅲ段	Z3JS	0：退出	1	0	控制字
06	重合加速Ⅲ段延时 1.5 s	Z3YS	0：退出	1	0	控制字
07	零序保护Ⅰ段	I01	1：投入	1	0	控制字
08	零序保护Ⅱ段	I02	0：退出	1	0	控制字
09	零序保护经 3U0 突变闭锁	I0U	0：退出	1	0	控制字
10	零序Ⅰ段方向	I01F	0：退出	1	0	控制字
11	零序Ⅱ段方向	I02F	0：退出	1	0	控制字
12	零序Ⅲ段方向	I03F	0：退出	1	0	控制字
13	零序Ⅳ段方向	I04F	0：退出	1	0	控制字
14	PT 断线零序Ⅰ段延时	I0PT	0：退出	1	0	控制字
15	零序加速经二次谐波制动	I02Z	0：退出	1	0	控制字
16	*相过流保护*	XGI	1：投入	1	0	控制字
17	Ⅲ段及以上闭锁重合闸	34YT	0：退出	1	0	控制字
18	多相故障闭锁重合闸	DXBC	0：退出	1	0	控制字
19	母线 PT 断线闭锁重合闸	DXBC	0：退出	1	0	控制字
20	重合闸	CHGL	0：退出	1	0	控制字
21	慢速重合闸	MSCH	0：退出	1	0	控制字
22	重合闸检同期	CHTQ	0：退出	1	0	控制字
23	重合闸检母线无压线路有压	CHWY	0：退出	1	0	控制字
24	重合闸检母线有压线路无压	SXTT	0：退出	1	0	控制字
25	重合闸检母线无压线路无压	LFBS	0：退出	1	0	控制字
26	开关偷跳重合	KGTC	0：退出	1	0	控制字
27	低频减载	DPJZ	0：退出	1	0	控制字
28	低压减载	DYJZ	0：退出	1	0	控制字

序号	整定值名称	简称	整定值	MAX	MIN	单位
29	过负荷保护	GFHB	0:退出	1	0	控制字
30	过负荷方式	GFHF	0:告警	1	0	控制字
31	不对称加速	BDC	0:退出	1	0	控制字
32	邻线加速	SHX	0:退出	1	0	控制字

注:表中"整定值名称"栏为斜体字所示的定值是实验中需要重点关注的。

8)PSL 621U 装置保护功能软压板表

表 3.11　PSL 621U 装置保护功能软压板整定表

序号	名称	状态
00	距离保护压板	退出
01	零序保护压板	退出
02	重合闸压板	退出
03	*相过流保护压板*	投入
04	低频减载压板	退出
05	低压减载压板	退出
06	不对称加速压板	退出
07	邻线加速压板	退出
08	检修压板	退出
09	远方修改定值	投入

注:表中"名称"栏为斜体字的是实验中需要重点关注的。

9)PST 1200U 装置参数定值表

表 3.12　PST 1200U 装置参数定值整定表

序号	整定值名称	简称	整定值	MAX	MIN	单位
00	定值区号	SETN	1	32	0	32 位整数
01	被保护设备	BHSB	国网 220 kV	32	0	字符串
02	*主变高中压侧额定容量*	SHM	120.000	3 000.000	1.000	容量 MVA
03	*主变低压侧额定容量*	SL	60.000	3 000.000	1.000	容量 MVA
04	*中压侧接线方式钟点数*	ZDM	12	12	1	32 位整数
05	*低压侧接线方式钟点数*	ZDL	11	12	1	32 位整数
06	*高压侧额定电压*	UH	220.000	300.000	1.000	实数式电压 kV
07	*中压侧额定电压*	UM	121.000	150.000	1.000	实数式电压 kV

续表 3.12

序号	整定值名称	简称	整定值	MAX	MIN	单位
08	低压侧额定电压	UL	35.000	75.000	1.000	实数式电压 kV
09	高压侧 PT 一次值	TVH	220.000	300.000	1.000	实数式电压 kV
10	中压侧 PT 一次值	TVM	110.000	150.000	1.000	实数式电压 kV
11	低压侧 PT 一次值	TVL	35.000	75.000	1.000	实数式电压 kV
12	高压侧 CT 一次值	TAH1	600.000	9 999.000	1.000	实数式电流 A
13	高压侧 CT 二次值	TAH2	5.000	5.000	1.000	实数式电流 A
14	高压侧零序 CT 一次值	TH01	600.000	9 999.000	0.000	实数式电流 A
15	高压侧零序 CT 二次值	TH02	5.000	5.000	1.000	实数式电流 A
16	高压侧间隙 CT 一次值	THJ1	600.000	9 999.000	0.000	实数式电流 A
17	高压侧间隙 CT 二次值	THJ2	5.000	5.000	1.000	实数式电流 A
18	中压侧 CT 一次值	TAM1	1 200.000	9 999.000	0.000	实数式电流 A
19	中压侧 CT 二次值	TAM2	5.000	5.000	1.000	实数式电流 A
20	中压侧零序 CT 一次值	TM01	1 250.000	9 999.000	0.000	实数式电流 A
21	中压侧零序 CT 二次值	TM02	5.000	5.000	1.000	实数式电流 A
22	中压侧间隙 CT 一次值	TMJ1	1 200.000	9 999.000	0.000	实数式电流 A
23	中压侧间隙 CT 二次值	TMJ2	5.000	5.000	1.000	实数式电流 A
24	低压 1 分支 CT 一次值	TL11	2 000.000	9 999.000	0.000	实数式电流 A
25	低压 1 分支 CT 二次值	TL12	5.000	5.000	1.000	实数式电流 A
26	低压 2 分支 CT 一次值	TL21	2 000.000	9 999.000	0.000	实数式电流 A
27	低压 2 分支 CT 二次值	TL22	5.000	5.000	1.000	实数式电流 A
28	低压侧电抗器 CT 一次值	TK1	2 000.000	9 999.000	0.000	实数式电流 A
29	低压侧电抗器 CT 二次值	TK2	5.000	5.000	1.000	实数式电流 A
30	公共绕组 CT 一次值	TK1	1 250.000	9 999.000	0.000	实数式电流 A
31	公共绕组 CT 二次值	TK2	5.000	5.000	1.000	实数式电流 A
32	tr_高复压过流Ⅰ段 1 时限跳闸	CDCK	5	FFFF	0	32 位十六进制方式字
33	tr_高复压过流Ⅰ段 2 时限跳闸	CDCK	F	FFFF	0	32 位十六进制方式字
34	tr_高复压过流Ⅱ段跳闸	CDCK	F	FFFF	0	32 位十六进制方式字
35	tr_高零序过流Ⅰ段 1 时限跳闸	CDCK	2	FFFF	0	32 位十六进制方式字
36	tr_高零序过流Ⅰ段 2 时限跳闸	CDCK	F	FFFF	0	32 位十六进制方式字
37	tr_高零序过流Ⅱ段跳闸	CDCK	F	FFFF	0	32 位十六进制方式字
38	tr_高间隙保护跳闸	CDCK	F	FFFF	0	32 位十六进制方式字

续表 3.12

序号	整定值名称	简称	整定值	MAX	MIN	单位
39	tr_中复压过流 1 时限跳闸	CDCK	802	FFFF	0	32 位十六进制方式字
40	tr_中复压过流 2 时限跳闸	CDCK	F	FFFF	0	32 位十六进制方式字
41	tr_中复压过流 3 时限跳闸	CDCK	F	FFFF	0	32 位十六进制方式字
42	tr_中速断过流 1 时限跳闸	CDCK	802	FFFF	0	32 位十六进制方式字
43	tr_中速断过流 2 时限跳闸	CDCK	F	FFFF	0	32 位十六进制方式字
44	tr_中零序过流Ⅰ段 1 时限跳闸	CDCK	802	FFFF	0	32 位十六进制方式字
45	tr_中零序过流Ⅰ段 2 时限跳闸	CDCK	F	FFFF	0	32 位十六进制方式字
46	tr_中零序过流Ⅱ段跳闸	CDCK	F	FFFF	0	32 位十六进制方式字
47	tr_中间隙保护跳闸	CDCK	F	FFFF	0	32 位十六进制方式字
48	tr_低 1 过流 1 时限跳闸	CDCK	1004	FFFF	0	32 位十六进制方式字
49	tr_低 1 过流 2 时限跳闸	CDCK	F	FFFF	0	32 位十六进制方式字
50	tr_低 1 过流 3 时限跳闸	CDCK	F	FFFF	0	32 位十六进制方式字
51	tr_低 1 复压过流 1 时限跳闸	CDCK	200	FFFF	0	32 位十六进制方式字
52	tr_低 1 复压过流 2 时限跳闸	CDCK	1004	FFFF	0	32 位十六进制方式字
53	tr_低 1 复压过流 3 时限跳闸	CDCK	F	FFFF	0	32 位十六进制方式字
54	tr_低 2 过流 1 时限跳闸	CDCK	2008	FFFF	0	32 位十六进制方式字
55	tr_低 2 过流 2 时限跳闸	CDCK	F	FFFF	0	32 位十六进制方式字
56	tr_低 2 过流 3 时限跳闸	CDCK	F	FFFF	0	32 位十六进制方式字
57	tr_低 2 复压过流 1 时限跳闸	CDCK	400	FFFF	0	32 位十六进制方式字
58	tr_低 2 复压过流 2 时限跳闸	CDCK	2008	FFFF	0	32 位十六进制方式字
59	tr_低 2 复压过流 3 时限跳闸	CDCK	F	FFFF	0	32 位十六进制方式字
60	tr_电抗器复压过流 1 时限跳闸	CDCK	600	FFFF	0	32 位十六进制方式字
61	tr_电抗器复压过流 2 时限跳闸	CDCK	C	FFFF	0	32 位十六进制方式字
62	tr_公共绕组零序跳闸	CDCK	F	FFFF	0	32 位十六进制方式字
63	tr_非全相跳闸	CDCK	1	FFFF	0	32 位十六进制方式字

注:表中“整定值名称”栏为斜体字所示的定值是实验中需要重点关注的。

上表中的 32 至 63 项为跳闸矩阵整定方式字,跳闸矩阵整定方式为整定 32 位方式字中的每 1 位,方式字中每 1 位代表的含义如表 3.13 所示。

表 3.13 PST 1200U 装置跳闸矩阵整定方式字含义表

Bit 位	Bit 位代表含义	投入退出含义
0 位	跳高压侧	退出 0;投入 1
1 位	跳中压侧	退出 0;投入 1
2 位	跳中压侧母联	退出 0;投入 1
3 位	跳中压侧分段	退出 0;投入 1
4 位	跳低压侧	退出 0;投入 1
5 位	跳闸备用 1	退出 0;投入 1
6 位	跳闸备用 2	退出 0;投入 1
7 位	跳闸备用 3	退出 0;投入 1
8 位	跳闸备用 4	退出 0;投入 1

10) PST 1200U 装置保护定值表

表 3.14 PSL 1200U 装置差动保护定值整定表

序号	整定值名称	简称	整定值	MAX	MIN	单位
00	*纵差差动速断电流定值*	SDDZ	5.000	20.000	0.050	实数 A
01	*纵差保护启动电流定值*	CDDZ	0.200	5.000	0.050	实数 A
02	*二次谐波制动系数*	K2DZ	0.150	0.300	0.050	实数,无单位

注:1. 定值表中电压、电流参数均是指二次侧的值;
2. 表中"整定值名称"栏为斜体字所示的定值是实验中需要重点关注的。

表 3.15 PST 1200U 装置高后备保护定值整定表

序号	整定值名称	简称	整定值	MAX	MIN	单位
00	*低电压闭锁定值*	LV	80.000	100.000	0.000	实数式电压 V
01	*负序电压闭锁定值*	FV	8.000	57.700	0.000	实数式电压 V
02	*复压闭锁过流 I 段定值*	I1	0.750	100.000	0.050	实数式电流 A
03	*复压闭锁过流 I 段 1 时限*	TI11	0.300	10.000	0.100	时间 s
04	*复压闭锁过流 I 段 2 时限*	TI12	0.800	10.000	0.100	时间 s
05	*复压闭锁过流 II 段定值*	I2	0.650	100.000	0.050	实数式电流 A
06	*复压闭锁过流 II 段时间*	TI21	3.500	10.000	0.100	时间 s
07	零序过流 I 段定值	IL1	1.600	100.000	0.050	实数式电流 A
08	零序过流 I 段 1 时限	TL11	0.300	10.000	0.100	时间 s
09	零序过流 I 段 2 时限	TL12	0.800	10.000	0.100	时间 s
10	零序过流 II 段定值	IL2	0.480	100.000	0.050	实数式电流 A
11	零序过流 II 段时限	TL21	3.500	10.000	0.100	时间 s
12	间隙电流时间	TJX	2.000	10.000	0.100	时间 s

注:1. 定值表中电压、电流参数均是指二次侧的值;
2. 表中"整定值名称"栏为斜体字所示的定值是实验中需要重点关注的。

表 3.16　PST 1200U 装置中后备保护定值整定表

序号	整定值名称	简称	整定值	MAX	MIN	单位
00	*低电压闭锁定值*	LV	80.000	100.000	0.000	实数式电压 V
01	*负序电压闭锁定值*	FV	8.000	57.700	0.000	实数式电压 V
02	*复压闭锁过流定值*	IF1	0.600	100.000	0.050	实数式电流 A
03	*复压闭锁过流 1 时限*	TI11	0.300	10.000	0.100	时间 s
04	*复压闭锁过流 2 时限*	TI12	0.500	10.000	0.100	时间 s
05	*复压闭锁过流 3 时限*	TI13	1.000	10.000	0.100	时间 s
06	限时速断电流定值	I1	0.700	100.000	0.050	实数式电流 A
07	限时速断 1 时限	TS11	0.300	10.000	0.100	时间 s
08	限时速断 2 时限	TS11	0.800	10.000	0.100	时间 s
09	零序过流Ⅰ段定值	IL1	0.800	100.000	0.050	实数式电流 A
10	零序过流Ⅰ段 1 时限	TL11	0.300	10.000	0.100	时间 s
11	零序过流Ⅰ段 2 时限	TL12	0.800	10.000	0.100	时间 s
12	零序过流Ⅱ段定值	IL2	0.240	100.000	0.050	实数式电流 A
13	零序过流Ⅱ段时限	TL21	3.500	10.000	0.100	时间 s
14	间隙电流时间	TJX	2.000	10.000	0.100	时间 s

注:1. 定值表中电压、电流参数均是指二次侧的值;
　　2. 表中"整定值名称"栏为斜体字所示的定值是实验中需要重点关注的。

表 3.17　PST 1200U 装置低后备分支 1 保护定值整定表

序号	整定值名称	简称	整定值	MAX	MIN	单位
00	过流定值	IS1	5.600	100.000	0.050	实数式电流 A
01	过流 1 时限	TS11	0.300	10.000	0.100	时间 s
02	过流 2 时限	TS12	0.800	10.000	0.100	时间 s
03	过流 3 时限	TS13	1.300	10.000	0.100	时间 s
04	*低电压闭锁定值*	LV	80.000	100.000	0.000	实数式电压 V
05	*负序电压闭锁定值*	FV	4.000	57.700	0.000	实数式电压 V
06	*复压闭锁过流定值*	I1	1.070	100.000	0.050	实数式电流 A
07	*复压闭锁过流 1 时限*	TI11	0.300	10.000	0.100	时间 s
08	*复压闭锁过流 2 时限*	TI12	0.800	10.000	0.100	时间 s
09	*复压闭锁过流 3 时限*	TI13	1.300	10.000	0.100	时间 s

注:1. 定值表中电压、电流参数均是指二次侧的值;
　　2. 表中"整定值名称"栏为斜体字所示的定值是实验中需要重点关注的。

11) PST 1200U 装置保护控制字表

表 3.18　PST 1200U 装置差动保护控制字整定表

序号	整定值名称	简称	整定值	MAX	MIN	单位
00	*纵差差动速断*	CSK	1:1—投入	1	0	控制字
01	*纵差动保护*	ZCK	1:1—投入	1	0	控制字
02	*二次谐波制动*	K2K	1:1—投入	1	0	控制字
03	CT 断线闭锁差动保护	CTBK	1:1—投入	1	0	控制字

注:表中"整定值名称"栏为斜体字所示的定值是实验中需要重点关注的。

表 3.19　PST 1200U 装置高压后备保护控制字整定表

序号	整定值名称	简称	整定值	MAX	MIN	单位
00	*复压过流Ⅰ段指向母线*	IF1	0:0—指向变压器	1	0	控制字
01	*复压闭锁过流Ⅰ段1时限*	IK11	0:0—退出	1	0	控制字
02	*复压闭锁过流Ⅰ段2时限*	IK12	0:0—退出	1	0	控制字
03	复压闭锁过流Ⅱ段	IK21	0:0—退出	1	0	控制字
04	零序过流Ⅰ段指向母线	LK11	0:0—指向变压器	1	0	控制字
05	零序过流Ⅰ段1时限	LK11	0:0—退出	1	0	控制字
06	零序过流Ⅰ段2时限	LK12	0:0—退出	1	0	控制字
07	零序过流Ⅱ段	LK21	0:0—退出	1	0	控制字
08	间隙保护	GJXK	0:0—退出	1	0	控制字
09	高压侧失灵经主变跳闸	HSL	0:0—退出	1	0	控制字

注:表中"整定值名称"栏为斜体字所示的定值是实验中需要重点关注的。

表 3.20　PST 1200U 装置中压后备保护控制字整定表

序号	整定值名称	简称	整定值	MAX	MIN	单位
00	*复压闭锁过流指向母线*	IF1	0:0—指向变压器	1	0	控制字
01	*复压闭锁过流1时限*	IK11	0:0—退出	1	0	控制字
02	*复压闭锁过流2时限*	IK12	0:0—退出	1	0	控制字
03	*复压闭锁过流3时限*	IK13	0:0—退出	1	0	控制字
04	限时速断过流1时限	IKS1	0:0—退出	1	0	控制字
05	限时速断过流2时限	IKS2	0:0—退出	1	0	控制字
06	零序过流Ⅰ段指向母线	LK1	0:0—指向变压器	1	0	控制字
07	零序过流Ⅰ段1时限	LK11	0:0—退出	1	0	控制字
08	零序过流Ⅰ段2时限	LK12	0:0—退出	1	0	控制字
09	零序过流Ⅱ段	LK21	0:0—退出	1	0	控制字
10	间隙保护	KJX	0:0—退出	1	0	控制字
11	中压侧失灵经主变跳闸	HSL	0:0—退出	1	0	控制字

注:表中"整定值名称"栏为斜体字所示的定值是实验中需要重点关注的。

表 3.21　PST 1200U 装置低压 1 分支后备保护控制字整定表

序号	整定值名称	简称	整定值	MAX	MIN	单位
00	过流 1 时限	IL11	0:0—退出	1	0	控制字
01	过流 2 时限	IL12	0:0—退出	1	0	控制字
02	过流 3 时限	IL13	0:0—退出	1	0	控制字
03	*复压闭锁过流 1 时限*	IF11	0:0—退出	1	0	控制字
04	*复压闭锁过流 2 时限*	IF12	0:0—退出	1	0	控制字
05	*复压闭锁过流 3 时限*	IF13	0:0—退出	1	0	控制字

注:表中"整定值名称"栏为斜体字所示的定值是实验中需要重点关注的。

12) PST 1200U 装置保护功能软压板表

表 3.22　PST 1200U 装置保护功能软压板整定表

序号	名称	状态
1	*主保护*	投入
2	*高压侧后备保护*	退出
3	*高压侧电压*	退出
4	中压侧后备保护	退出
5	中压侧电压	退出
6	低 1 分支后备保护	退出
7	低 1 分支电压	退出
8	低 2 分支后备保护	退出
9	低 2 分支电压	退出
10	电抗器后备保护	退出
11	公共绕组后备保护	退出
12	远方修改定值	投入
13	高压侧 SV 接收压板	投入
14	中压侧 SV 接收压板	投入
15	低压 1 侧 SV 接收压板	投入
16	低压 2 侧 SV 接收压板	退出
17	低电抗器 SV 接收压板	退出
18	公共绕组 SV 接收压板	退出
19	备用 SV 接收压板	退出
20	GOOSE_跳高压侧开关压板	投入

序号	名称	状态
21	GOOSE_解除高母差复压压板	退出
22	GOOSE_启动高失灵压板	退出
23	GOOSE_跳高母联压板	退出
24	GOOSE_跳高分段 1 压板	退出
25	GOOSE_跳高分段 2 压板	退出
26	GOOSE_跳中开关压板	投入
27	GOOSE_解除中母差复压压板	退出
28	GOOSE_启动中失灵压板	退出
29	GOOSE_跳中母联压板	退出
30	GOOSE_跳中分段 1 压板	退出
31	GOOSE_跳中分段 2 压板	退出
32	GOOSE_跳低 1 开关压板	投入
33	GOOSE_跳低 1 分段压板	退出
34	GOOSE_跳低 2 开关压板	退出
35	GOOSE_跳低 2 分段压板	退出
36	GOOSE_闭锁中备投压板	退出
37	GOOSE_闭锁低 1 备投压板	退出
38	GOOSE_闭锁低 2 备投压板	退出
39	GOOSE_跳闸备用 1 压板	退出
40	GOOSE_跳闸备用 2 压板	退出
41	GOOSE_跳闸备用 3 压板	退出
42	GOOSE_跳闸备用 4 压板	退出
43	GOOSE_高压侧失灵开入压板	退出
44	GOOSE_中压侧失灵开入压板	退出
45	GOOSE_非全相开入压板	退出
46	远方切换定值区	投入
47	远方控制压板	投入

注:表中"名称"栏为斜体字的是实验中需要重点关注的。

13）SSE 520U 装置参数定值表

表 3.23　SSE 520U 装置参数定值整定表

序号	整定值名称	简称	整定值	MAX	MIN	单位
00	定值区号	SETN	1	32	0	32 位整数
01	被保护设备	BHSB	频率电压紧急控制装置	32	1	字符串
02	*#1 电压等级*	DY1	220.000	1 000.000	0.400	实数式电压 kV
03	*#2 电压等级*	DY1	220.000	1 000.000	0.400	实数式电压 kV

注：表中"整定值名称"栏为斜体字所示的定值是实验中需要重点关注的。

14）SSE 520U 装置保护定值表

表 3.24　SSE 520U 装置保护定值整定表

序号	整定值名称	简称	整定值	MAX	MIN	单位
00	*低频第 1 轮定值*	LF1	49.000	49.500	45.000	频率 Hz
01	*低频第 2 轮定值*	LF2	48.500	49.500	45.000	频率 Hz
02	低频第 3 轮定值	LF3	48.000	49.500	45.000	频率 Hz
03	低频第 4 轮定值	LF4	47.500	49.500	45.000	频率 Hz
04	低频第 5 轮定值	LF5	47.000	49.500	45.000	频率 Hz
05	低频特殊第 1 轮定值	LFT1	48.000	49.500	45.000	频率 Hz
06	低频特殊第 2 轮定值	LFT2	47.500	49.500	45.000	频率 Hz
07	低频特殊第 3 轮定值	LFT3	47.000	49.500	45.000	频率 Hz
08	低频加速切 2 轮定值	DF1	1.000	20.000	0.500	滑差 Hz/s
09	低频加速切 2、3 轮定值	DF2	2.000	20.000	0.500	滑差 Hz/s
10	*低频滑差闭锁定值*	DFBS	5.000	20.000	0.500	滑差 Hz/s
11	*低频第 1 轮延时*	TF1	0.200	99.990	0.050	时间 s
12	*低频第 2 轮延时*	TF2	0.200	99.990	0.050	时间 s
13	低频第 3 轮延时	TF3	0.200	99.990	0.050	时间 s
14	低频第 4 轮延时	TF4	0.200	99.990	0.050	时间 s
15	低频第 5 轮延时	TF5	0.200	99.990	0.050	时间 s
16	低频特殊第 1 轮延时	TFT1	3.000	99.990	0.050	时间 s
17	低频特殊第 2 轮延时	TFT2	3.000	99.990	0.050	时间 s
18	低频特殊第 3 轮延时	TFT3	3.000	99.990	0.050	时间 s
19	低频加速切 2 轮延时	TDF1	0.100	99.990	0.050	时间 s
20	低频加速切 2、3 轮延时	TDF2	0.100	99.990	0.050	时间 s

序号	整定值名称	简称	整定值	MAX	MIN	单位
21	*低压第1轮定值*	LU1	0.850	0.950	0.300	比例系数,无单位
22	*低压第2轮定值*	LU2	0.800	0.950	0.300	比例系数,无单位
23	低压第3轮定值	LU3	0.750	0.950	0.300	比例系数,无单位
24	低压第4轮定值	LU4	0.700	0.950	0.300	比例系数,无单位
25	低压第5轮定值	LU5	0.650	0.950	0.300	比例系数,无单位
26	低压特殊第1轮定值	LUT1	0.750	0.950	0.300	比例系数,无单位
27	低压特殊第2轮定值	LUT2	0.700	0.950	0.300	比例系数,无单位
28	低压特殊第3轮定值	LUT3	0.650	0.950	0.300	比例系数,无单位
29	低压加速切2轮定值	DU1	0.300	1.600	0.100	比例系数,无单位
30	低压加速切2,3轮定值	DU2	0.400	1.600	0.100	比例系数,无单位
31	*低压滑差闭锁定值*	DUBS	0.900	1.600	0.100	比例系数,无单位
32	*低压第1轮延时*	TU1	0.200	99.990	0.100	时间 s
33	*低压第2轮延时*	TU2	0.200	99.990	0.100	时间 s
34	低压第3轮延时	TU3	0.200	99.990	0.100	时间 s
35	低压第4轮延时	TU4	0.200	99.990	0.100	时间 s
36	低压第5轮延时	TU5	0.200	99.990	0.100	时间 s
37	低压特殊第1轮延时	TUT1	3.000	99.990	0.100	时间 s
38	低压特殊第2轮延时	TUT2	3.000	99.990	0.100	时间 s
39	低压特殊第3轮延时	TUT3	3.000	99.990	0.100	时间 s
40	低压加速切2轮延时	TDU1	0.100	99.990	0.050	时间 s
41	低压加速切2,3轮延时	TDU2	0.100	99.990	0.050	时间 s
42	*低压解除闭锁定值*	ULU	0.900	0.950	0.300	比例系数,无单位
43	等待故障切除延时	Tfc	5.000	99.990	0.100	时间 s

注:1. 表中"整定值名称"栏为斜体字所示的定值是实验中需要重点关注的;
　　2. 表中单位为"比例系数"的定值是指按照额定电压的倍数整定。

15) SSE 520U 装置控制字表

表 3.25　SSE 520U 装置控制字整定表

序号	整定值名称	简称	整定值	MAX	MIN	单位
00	*低频第1轮*	KLF1	1:1—投入	1	0	控制字
01	*低频第2轮*	KLF2	1:1—投入	1	0	控制字
02	低频第3轮	KLF3	0:0—退出	1	0	控制字

续表 3.25

序号	整定值名称	简称	整定值	MAX	MIN	单位
03	低频第4轮	KLF4	0:0—退出	1	0	控制字
04	低频第5轮	KLF5	0:0—退出	1	0	控制字
05	低频特殊第1轮	KTF1	0:0—退出	1	0	控制字
06	低频特殊第2轮	KTF2	0:0—退出	1	0	控制字
07	低频特殊第3轮	KTF3	0:0—退出	1	0	控制字
08	低频加速切2轮	KDF1	0:0—退出	1	0	控制字
09	低频加速切2、3轮	KDF2	0:0—退出	1	0	控制字
10	*低压第1轮*	KLU1	1:1—投入	1	0	控制字
11	*低压第2轮*	KLU2	1:1—投入	1	0	控制字
12	低压第3轮	KLU3	0:0—退出	1	0	控制字
13	低压第4轮	KLU4	0:0—退出	1	0	控制字
14	低压第5轮	KLU5	0:0—退出	1	0	控制字
15	低压特殊第1轮	KTU1	0:0—退出	1	0	控制字
16	低压特殊第2轮	KTU2	0:0—退出	1	0	控制字
17	低压特殊第3轮	KTU3	0:0—退出	1	0	控制字
18	低压加速切2轮	KDU1	0:0—退出	1	0	控制字
19	低压加速切2、3轮	KDU2	0:0—退出	1	0	控制字

注:表中"整定值名称"栏为斜体字所示的定值是实验中需要重点关注的。

16) SSE 520U 装置功能压板表

表 3.26 SSE 520U 装置功能压板整定表

序号	名称	状态
00	*#1低频*	投入
01	*#1低压*	投入
02	#2低频	投入
03	#2低压	投入
04	分列运行	退出
05	GOOSE 总控制	投入
06	MU1 压板	投入
07	MU2 压板	投入
08	远方修改定值	退出
09	检修压板	退出

注:表中"名称"栏为斜体字的是实验中需要重点关注的。

17) SSE 520U 装置出口定值表

表 3.27　SSE 520U 装置出口定值整定表

序号	整定值名称	简称	整定值	MAX	MIN	单位
00	#1 低频第 1 轮出口低字	F1KL	3	FFFFFFFF	0	32 位十六进制方式字
01	#1 低频第 1 轮出口高字	F1KH	0	FFFFFFFF	0	32 位十六进制方式字
02	#1 低频第 2 轮出口低字	F2KL	C	FFFFFFFF	0	32 位十六进制方式字
03	#1 低频第 2 轮出口高字	F2KH	0	FFFFFFFF	0	32 位十六进制方式字
04	#1 低频第 3 轮出口低字	F3KL	10	FFFFFFFF	0	32 位十六进制方式字
05	#1 低频第 3 轮出口高字	F3KH	0	FFFFFFFF	0	32 位十六进制方式字
06	#1 低频第 4 轮出口低字	F4KL	0	FFFFFFFF	0	32 位十六进制方式字
07	#1 低频第 4 轮出口高字	F4KH	0	FFFFFFFF	0	32 位十六进制方式字
08	#1 低频第 5 轮出口低字	F5KL	0	FFFFFFFF	0	32 位十六进制方式字
09	#1 低频第 5 轮出口高字	F5KH	0	FFFFFFFF	0	32 位十六进制方式字
10	#1 低频特殊第 1 轮出口低字	TF1L	0	FFFFFFFF	0	32 位十六进制方式字
11	#1 低频特殊第 1 轮出口高字	TF1H	0	FFFFFFFF	0	32 位十六进制方式字
12	#1 低频特殊第 2 轮出口低字	TF2L	0	FFFFFFFF	0	32 位十六进制方式字
13	#1 低频特殊第 2 轮出口高字	TF2H	0	FFFFFFFF	0	32 位十六进制方式字
14	#1 低频特殊第 3 轮出口低字	TF3L	0	FFFFFFFF	0	32 位十六进制方式字
15	#1 低频特殊第 3 轮出口高字	TF3H	0	FFFFFFFF	0	32 位十六进制方式字
16	#1 低压第 1 轮出口低字	U1KL	0	FFFFFFFF	0	32 位十六进制方式字
17	#1 低压第 1 轮出口高字	U1KH	0	FFFFFFFF	0	32 位十六进制方式字
18	#1 低压第 2 轮出口低字	U2KL	0	FFFFFFFF	0	32 位十六进制方式字
19	#1 低压第 2 轮出口高字	U2KH	0	FFFFFFFF	0	32 位十六进制方式字
20	#1 低压第 3 轮出口低字	U3KL	0	FFFFFFFF	0	32 位十六进制方式字
21	#1 低压第 3 轮出口高字	U3KH	0	FFFFFFFF	0	32 位十六进制方式字
22	#1 低压第 4 轮出口低字	U4KL	0	FFFFFFFF	0	32 位十六进制方式字
23	#1 低压第 4 轮出口高字	U4KH	0	FFFFFFFF	0	32 位十六进制方式字
24	#1 低压第 5 轮出口低字	U5KL	0	FFFFFFFF	0	32 位十六进制方式字
25	#1 低压第 5 轮出口高字	U5KH	0	FFFFFFFF	0	32 位十六进制方式字
26	#1 低压特殊第 1 轮出口低字	TU1L	0	FFFFFFFF	0	32 位十六进制方式字
27	#1 低压特殊第 1 轮出口高字	TU1H	0	FFFFFFFF	0	32 位十六进制方式字
28	#1 低压特殊第 2 轮出口低字	TU2L	0	FFFFFFFF	0	32 位十六进制方式字

序号	整定值名称	简称	整定值	MAX	MIN	单位
29	♯1低压特殊第2轮出口高字	TU2H	0	FFFFFFFF	0	32位十六进制方式字
30	♯1低压特殊第3轮出口低字	TU3L	0	FFFFFFFF	0	32位十六进制方式字
31	♯1低压特殊第3轮出口高字	TU3H	0	FFFFFFFF	0	32位十六进制方式字

注:表中"整定值名称"栏为斜体字所示的定值是实验中需要重点关注的。

上表中出口控制字用32位十六进制方式字表示出口继电器的有效性,32位方式字中的每1位都对应一个出口继电器,32位方式字每1位代表的含义如表3.28所示。

表 3.28　SSE 520U 装置出口方式字表

方式字低字 Bit 位	出口继电器编号	方式字低字 Bit 位	出口继电器编号	方式字高字 Bit 位	出口继电器编号	方式字高字 Bit 位	出口继电器编号
0 位	1	16 位	17	0 位	33	16 位	49
1 位	2	17 位	18	1 位	34	17 位	50
2 位	3	18 位	19	2 位	35	18 位	
3 位	4	19 位	20	3 位	36	19 位	
4 位	5	20 位	21	4 位	37	20 位	
5 位	6	21 位	22	5 位	38	21 位	
6 位	7	22 位	23	6 位	39	22 位	
7 位	8	23 位	24	7 位	40	23 位	
8 位	9	24 位	25	8 位	41	24 位	无对应出口继电器
9 位	10	25 位	26	9 位	42	25 位	
10 位	11	26 位	27	10 位	43	26 位	
11 位	12	27 位	28	11 位	44	27 位	
12 位	13	28 位	29	12 位	45	28 位	
13 位	14	29 位	30	13 位	46	29 位	
14 位	15	30 位	31	14 位	47	30 位	
15 位	16	31 位	32	15 位	48	31 位	

4 电力系统智能变电站综合自动化实验

4.1 实验一 输电线路三段式电流保护实验

4.1.1 实验目的

1. 了解智能变电站综合自动化实验室的构成、主要设备及其功能。

2. 熟悉和掌握智能变电站综合自动化实验系统的启动、线路保护装置定值配置方法、模拟电网故障设置及继电保护测试仪的操作方法。

3. 通过输电线路的短路故障实验，记录和观察故障电压、电流波形及测试数据，理解输电线路故障过程及三段式过电流保护原理。

4. 通过输电线路故障电压、电流波形分析及实验装置动作行为的分析，理解和掌握短路故障类型及保护装置定值对输电线路三段式过电流保护功能的影响。

4.1.2 实验原理

本实验是以智能变电站综合自动化实验系统所装设的 PSL 621U 线路保护装置为基础，先根据模拟典型线路运行的主接线，利用仿真工具进行正常运行及故障情况下的仿真模拟计算，得到各种运行状况下的电压、电流数字量，然后将数字量通过测试装置生成系统各种运行状况下的电压与电流数字 SMV 报文，并经变电站的网络交换机送入继电保护装置，以模拟电网运行的各种故障现象，通过保护装置的动作情况，理解输电线路继电保护装置过电流保护的工作原理。其基本原理结构如第 3 章中的图 3.3 所示。

根据第 3 章所述模拟变电站的线路保护一次主接线图，针对输电线路过流保护实验，实验系统中输电线路 Line5 的出线断路器 1101 处装设了 PSL 621U 线路保护装置，保护装置出口接有 PSS 01B 断路器模拟装置，用于模拟断路器 1101 的行为，其实验系统简化主接线如下图 4.1 所示；实验对象为该输电线路出线对应的继电保护装置，通过在故障点 B、C、D 处分别设置不同故障，进行模拟实验，观察母线 A 点线路出口处的继电保护装置、断路器模拟装置（对应于断路器 1101）、故障录波装置、监控系统的状态，理解保护装置的基本原理。

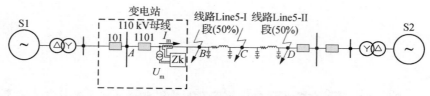

图 4.1 实验线路三段式电流保护模拟一次主接线图

图 4.1 中,Zk 为所装设的 PSL 621U 线路保护装置,其电压与电流输入量来自 110 kV 母线与断路器 1101 之间所装设的电压互感器 EPT 与电流互感器 ECT 的测量量,即基于 IEC 61850 标准的 SMV 信号量。

根据本书第 2 章所述电力系统继电保护原理相关理论,及第 3 章 PSL 621U 线路保护装置原理,可知在图 4.1 中的 B、C、D 点发生短路时,保护安装处均会流过故障电流,保护装置根据三段式电流保护的特性,进行故障判定,并发出跳闸命令或告警信息,完成故障切除等功能。

实验时,对短路电流波形进行录波,再通过作图求取相关短路电流分量值及保护动作时间,分析不同短路故障及保护装置定值对保护动作行为的影响,验证保护装置动作原理的正确性。典型故障录波波形图如图 4.2 所示。

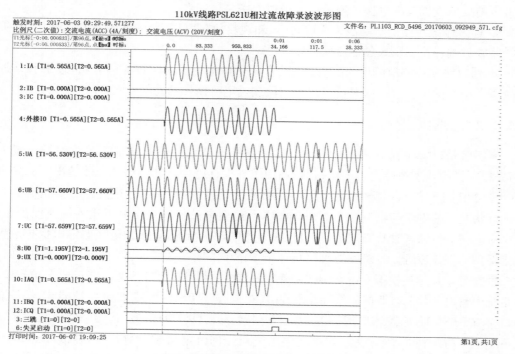

图 4.2 输电线路短路电流波形图

在本次实验中,主要针对 PSL 621U 保护装置的相过流保护Ⅰ、Ⅱ段进行实验。

PSL 621U 保护装置的电流保护包括相过流保护Ⅰ、Ⅱ段等。另外,还有零序电流瞬时启动元件,作为保护启动元件之一。为简化实验,本实验中的短路电压、电流均以保护测试仪设定的故障电流值为准。因此,在保护动作验证与定值校验中,实际短路电压、电流以继电保护测试仪的设定值为依据。

4.1.3 实验内容及步骤

本实验的主要内容为在模拟实验系统中,通过实验操作,熟悉实验室环境及实验设备;掌握实验系统的启动、定值与参数设置的方法及相关实验操作方法;选择不同短路点进行各种短路故障实验,录取短路时刻的电压、电流波形,观察保护装置动作情况,记录相关实验数据,然后根据所学知识,分析不同故障参数及保护装置定值参数的设置对保护装置行为的影响,理解和掌握电力输电线路相过流保护的原理。

4.1.3.1 实验内容

本次实验针对 PSL 621U 保护装置的相过流Ⅰ、Ⅱ段保护进行实验,主要实验项目如下:

(1) 相过流Ⅰ段保护动作验证及其定值校验

该实验项目分别测试 1.05 倍及 0.95 倍保护整定值的相过流Ⅰ段保护动作情况,获取故障录波波形图,并校验定值的正确性。

(2) 相过流Ⅱ段保护动作验证及其定值校验

该实验项目分别测试 1.05 倍及 0.95 倍保护整定值的相过流Ⅱ段保护动作情况,获取故障录波波形图,并校验定值的正确性。

4.1.3.2 实验步骤

实验操作基本步骤如下:

(以下步骤以相过流Ⅰ段保护动作验证及其定值校验为例)

1) 继电保护装置定值的整定

根据 PSL 621U 保护装置原理,要进行继电保护装置的实验与保护动作验证,首先,必须根据需要对继电保护装置的定值进行整定,PSL 621U 保护装置的定值整定方法至少有两种,分别为本地修改定值方法和远方定值修改方法。本次实验采用变电站综合自动化系统的监控主站 PS 6000+自动化监控系统软件平台进行保护装置定值的查看与修改,属于远方修改定值方法。

PS 6000+自动化监控系统软件平台是运行在 Ubuntu 操作系统之上的,通过图形界面实现整个系统站控层的功能,是用户的主要操作界面。

智能变电站综合自动化系统启动后,PS 6000+自动化监控系统主站自动启动一个"控制台"进程,"控制台"在监控系统主站屏幕上是以类似于 Windows 操作系统中的"开始"图形菜单界面的形式呈现的,用户可以通过"控制台"启动各种服务进程和功能程序,监控系统主界面如图 4.3 所示。

在控制台左下角点击【开始】【应用功能】【保护管理】菜单,即可启动"保护设备管理进程"程序,如图 4.4 所示。

图 4.3 PS 6000＋自动化监控系统主站界面图

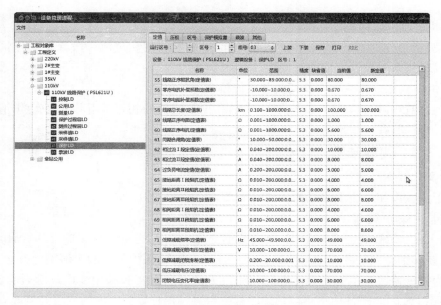

图 4.4 设备管理进程界面图

在设备管理进程界面中,展开窗口左侧的"工程对象库",找到"110 kV 线路保护(PSL 621U)"中的"保护 LD",在窗口右侧的"定值"选项卡中,选择正确的定值"区号",点击"上装"按钮,可以查看和修改保护装置定值。需要注意的是当前运行定值区号必须正确设置,这可以通过在"区号"选项卡中上装当前定值区号进行确认,如图 4.5 所示。

对于相过流Ⅰ、Ⅱ段保护动作验证及其定值校验实验项目来说,为了不受其他保护功能的影响,需要将其他保护功能"退出",例如,退出"零序保护Ⅰ段"保护,这可以通过将保护定值中的【零序保护Ⅰ段】控制字设为"0"实现,设置完成后,需要将保护定值进行【下装】,即写入保护装置。

图 4.5 当前运行定值区号查询修改界面图

另一种查看和修改定值的方法为本地修改，即直接在装置上修改定值。方法是：在 PSL 621U 保护装置 LCD 触摸屏上使用装置旁边所装设的触摸笔，点击 LCD 界面首页的【定值管理】，弹出"密码验证"对话框，输入密码后，在弹出的【定值管理】界面中点击【保护定值】选项卡，即可在列表中查看和修改定值，如下图所示。

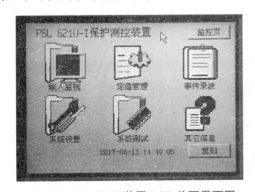

图 4.6 PSL 621U 装置 LCD 首页界面图

图 4.7 PSL 621U 装置定值管理界面图

2）实验保护测试仪或测试装置的参数设置

智能变电站综合自动化实验系统采用专用测试装置作为实验测试设备。根据实验需求，本实验的专用测试装置为继电保护测试仪，测试仪根据所设置的参数生成变电站自动化系统所需要电压、电流信号（即基于 IEC 61850 标准 SMV 或 GOOSE 报文），并通过光纤接入变电站综合自动化系统的"SMV、GOOSE 网络交换机"，用于模拟变电站中的合并单元。测试仪的运行与测试是通过网线与测试仪连接的后台 PC 主机控制软件进行的，其连接结构如图 3.3 所示。

实验系统中使用了两台继电保护测试仪，分别为 ♯1 和 ♯2 号测试仪。其中，♯1 测试仪用于生成与实验关系不大的合并单元信号；♯2测试仪用于生成实验所需信号，并进行实验。实验中的主要操作是通过运行于测试仪后台 PC 中的上位机控制软件进行的。

在测试仪后台 PC 桌面上的图标"PowerTest"为保护测试仪上位机控制软件程序图标。鼠标双击该图标启动保护测试仪上位机测试软件，软件启动后的界面如图 4.8 所示。

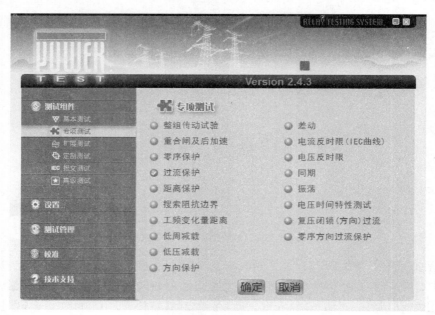

图 4.8　保护测试仪上位机软件首页界面图

根据实验需要，对于相过流保护实验，点击测试仪上位机软件主界面中的【专项测试】【过流保护】列表，然后点击【确定】按钮，进入"过流保护"测试程序，如图 4.9 所示。

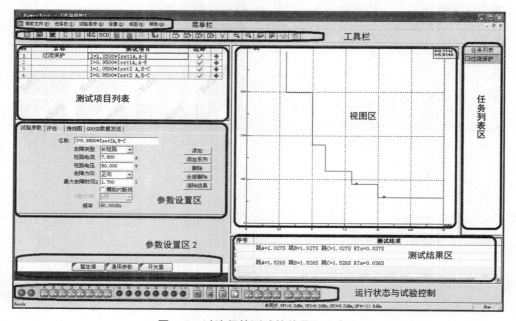

图 4.9　过流保护测试软件界面示意图

为了简化实验操作，保护测试仪上位机软件参数已经预设好，并以测试模板文件的形式存储在电脑中。对于"相过流Ⅰ、Ⅱ段保护动作验证及其定值校验"项目，只需要点击程序【主菜单】中的【模板文件】【打开】菜单，在弹出的文件对话框中，选择"PSL 621U 相过流保护实验测试. TPL"文件即可，模板打开后，显示界面如图 4.10 所示。

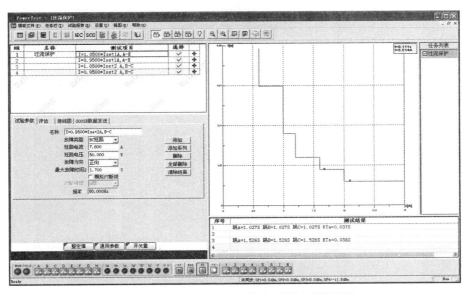

图 4.10　相过流Ⅰ、Ⅱ段电流保护测试界面图

由图 4.10 可见，四个测试子项目前两个为相过流Ⅰ段电流保护测试，分为两个测试子项目，一个是 1.05 倍相过流Ⅰ段电流保护定值(Iset1A)过流保护动作测试，一个是 0.95 倍相过流Ⅰ段电流保护定值(Iset1A)过流保护动作测试；与前两个测试项目类似，后两个为相过流Ⅱ段测试项目(对应于相过流Ⅱ段保护定值 Iset2A)。具体参数在程序界面左中部的"试验参数"选项卡中。

对于测试仪中的"保护定值"应该按照试验对象(PSL 621U 保护装置)的定值进行设置，这可以通过点击程序界面左下部的【整定值】按钮进行设置，弹出的整定值设置界面如图 4.11 所示。

图 4.11　保护测试仪过流整定值参数设置界面图

上图粗线方框中的参数需要与保护装置定值表中参数对应(表3.9第30项至第33项)。

在测试程序主窗口左下部【整定值】按钮右边的【通用参数】按钮用于设置其他测试参数,其中【故障触发方式】选择"按键",这种情况下,测试仪运行时,故障是通过点击最下边的【F3】按钮进行触发的。

对于基于 IEC 61850 标准的数字式保护装置,在保护测试仪中,需要预先根据保护装置模型,设置所要模拟的逻辑节点,主要是 SMV 及 GOOSE 信号参数,这可以通过保护测试仪"测试程序"的菜单【IEC 报文设置】或工具栏【IEC】进行设置,如图 4.12 所示。

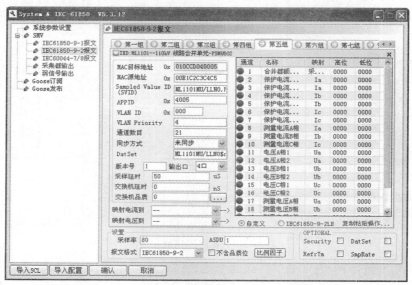

图 4.12　保护测试仪 IEC 报文设置图

为了简化实验操作,IEC 报文参数已根据保护装置预设好,实验过程中无需改动。

参数设置完成后,点击程序窗口最下边的"运行状态与试验控制"栏中的【F2】按钮启动试验。如果启动试验时,无法连接测试仪,请点击"主菜单"栏中【任务栏】【查看设备列表】菜单,在弹出的对话框中查看当前在线设备,并检查与测试仪连接的网线是否正确连接,排除故障。试验启动后,测试仪将会输出 SMV 信号至变电站自动化系统中对应的保护装置(PSL 621U),此时,查看保护装置的运行状态,可以看到正常运行的电流、电压数值。

3)继电保护装置及断路器模拟装置状态检查及设置

保护测试仪测试环境及参数设置完成后,需要检查继电保护装置的状态,按压 PSL 621U 保护装置面板左侧的"复位",以清除原警告信息及警告指示灯状态,并通过"输入监视"查看 LCD 液晶触摸显示屏中的保护装置信息,如图 4.13 所示。

PSL 621U 保护装置出口所连接的是 PSS 01B 断路器模拟装置。实验系统有两台模拟断路器,PSL 621U 装置的出口断路器为#2 模拟断路器,在

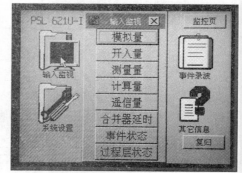

图 4.13　PSL 621U 保护装置 LCD
输入监视界面图

模拟故障发生前,断路器需要处于合闸状态,按压♯2断路器模拟装置面板上【手动合闸】按钮(图4.14中标号⑪),操作断路器合闸,断路器合位红色指示灯亮起,断路器模拟装置面板如图4.14所示。

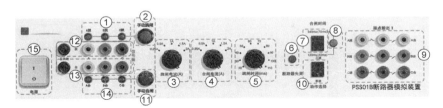

图4.14　PSS 01B断路器模拟装置面板图

4）模拟故障试验测试操作

设备状态检查完成后,可以开始进行模拟故障试验。点击保护测试仪上位机软件窗口中最下面的"运行状态与试验控制"栏中的【F3】按钮,启动第一项故障试验;随后,查看保护装置的LCD显示屏所显示故障信息,监控后台也会有相应的保护动作信息列表。如果保护出口动作,则断路器模拟装置会发出跳闸音响提示,观察断路器模拟装置面板中断路器的分合闸位置的变化;同时,可通过PS 6000+监控系统"告警信息"窗口查看保护动作相关信息,如图4.15所示。

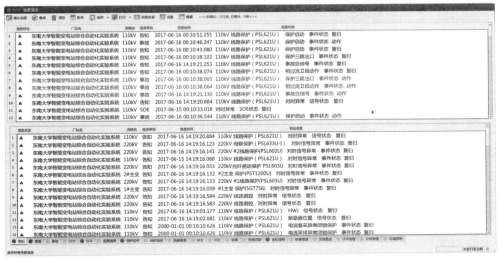

图4.15　PS 6000+监控系统告警信息界面图

第一项完成后,如果还有第二项,则继续点击【F3】按钮,进行第二项故障试验,试验之前需要对保护装置及断路器模拟装置进行与步骤3）一样的检查与设置。如有更多子项目,则按照上述步骤重复进行即可。

需要注意的是:实验过程中,如果某子项实验导致故障跳闸,在开始新的实验子项目之前,需要将模拟断路器手动合闸。

5）获取和记录实验数据

（1）故障现象及数据记录

实验过程中，仔细观察实验系统中各种设备的状态及监控系统的信息，实验现象观察完成后，记录保护装置动作信息，这可以通过操作 PSL 621U 保护装置的 LCD 触摸屏进行查看并记录，如图 4.16 所示。

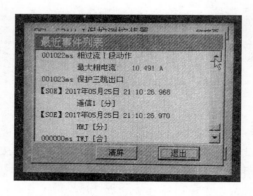

图 4.16　保护装置面板触摸屏动作信息界面图

在测试过程中，如果某个子项目实验的实验结果为空白（图 4.10 中测试软件界面的"测试结果"窗口列表内容），表示该子项目测试时，保护装置没有动作。

需要记录的故障信息及数据如表 4.1 所示。

表 4.1　PSL 621U 线路相过流保护实验数据记录表

序号	继电保护测试仪或测试装置				PSL 621U 继电保护装置			断路器是否跳闸（保护是否动作）
	故障测试类型	最大故障时间(s)	故障电压(V)	故障电流(A)	故障类型及相别	动作时间(s)	故障最大相电流(A)	
1	相过流Ⅰ段 A—E 故障 1							
2	相过流Ⅰ段 A—E 故障 2							
3	相过流Ⅱ段 B—C 故障 1							
4	相过流Ⅱ段 B—C 故障 2							

在表 4.1 中，"故障测试类型"列中的"A—E"表示 A 相接地短路故障，"B—C"表示 B 相与 C 相短路故障。

（2）故障录波波形获取

当模拟故障发生后，如果继电保护装置动作，则保护装置将录取故障电压、电流波形，可通过监控系统主站的设备管理进程获取。

具体操作是：

在设备管理进程界面中，展开窗口左侧的"工程对象库"，找到"110 kV 线路保护（PSL 621U）"中的"保护 LD"，在窗口右侧的"录波"选项卡中，选择正确的录波"区号"，点击"上装"按钮，在弹出的文件对话框中，选择与故障时间对应的文件名，确认后可以查看保护装置录波波形，并通过打印获取波形文件，用于实验分析，如图 4.17 所示。

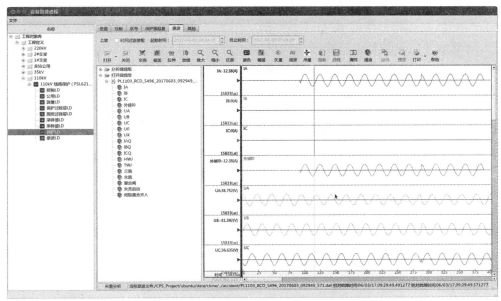

图4.17 保护装置录波波形获取界面图

6）各分项实验操作步骤

根据本实验项目的要求，各个分项实验的主要操作大致如上述步骤1）至步骤5）所述，但又有所区别，主要测试项目操作区别如下：

（1）步骤1）中保护定值的修改

不同实验项目中，部分保护定值需要根据表4.2修改。

表4.2 PSL 621U装置线路相过流保护实验测试控制字设置表

保护控制字	实验测试项目	
	相过流Ⅰ段保护	相过流Ⅱ段保护
相过流保护Ⅰ段	1—投入	0—退出
相过流保护Ⅱ段	0—退出	1—投入
距离保护Ⅰ段	0—退出	0—退出
零序保护Ⅰ、Ⅱ段	0—退出	0—退出
零序各段方向	0—退出	0—退出
过负荷保护	0—退出	0—退出

（2）步骤2）中保护测试仪或测试装置的模板文件选择

保护测试仪模板文件进行如下选择：

对于相过流Ⅰ、Ⅱ段保护，选择模板文件"PSL 621U相过流保护实验测试.TPL"即可。

4.1.4 实验结果分析

实验完成后，根据获取的数据及录波波形，做如下分析：

（1）相过流Ⅰ段保护实验数据分析

对于相过流Ⅰ段保护实验结果，依据保护动作情况、动作时间、保护装置的定值，以及录波波形，计算故障电流的幅值与相角，比较测试仪故障电流与保护装置监测的故障电流的差别，根据第2章中所述原理，分析保护装置动作的正确性，校验定值的正确性。

（2）相过流Ⅱ段保护实验数据分析

对于相过流Ⅱ段保护实验结果，依据保护动作情况、动作时间、保护装置的定值，以及录波波形，计算故障电流的幅值与相角，比较测试仪故障电流与保护装置监测的故障电流的差别，根据第2章中所述原理，分析保护装置动作的正确性，校验定值的正确性。

4.1.5　实验报告

（1）实验过程中，记录实验数据，并通过监控后台获取录波波形数据。

（2）根据实验数据及故障录波波形，计算故障电流的幅值与相角，分析保护装置相过流Ⅰ段及相过流Ⅱ段电流保护动作及定值的正确性。

4.1.6　拓展实验

在上述基本实验的基础上，针对以下项目进行拓展性实验：

1. 改变装置相过流Ⅰ段保护整定值，并进行保护动作验证及其定值校验

该实验项目要求实验者或指导教师选择线路保护装置相过流Ⅰ段保护整定值进行修改，拟定新的实验方案，然后分别测试1.05倍及0.95倍保护整定值的相过流Ⅰ段保护动作情况，观察测试点的变化，获取故障录波波形图，并校验定值的正确性。

2. 改变装置相过流Ⅱ段保护整定值，并进行保护动作验证及其定值校验

该实验项目要求实验者或指导教师选择线路保护装置相过流Ⅱ段保护整定值进行修改，拟定新的实验方案，然后分别测试1.05倍及0.95倍保护整定值的相过流Ⅱ段保护动作情况，观察测试点的变化，获取故障录波波形图，并校验定值的正确性。

4.1.7　预习要求

1. 熟悉PSL 621U线路保护装置相过电流保护原理，仔细阅读本实验教程相关理论部分。

2. 熟悉实验过程中所使用的测试设备试验方法，理解实验原理及有关操作步骤。

3. 熟悉实验系统测试项目及试验测试目的。

4.1.8　实验研讨与思考题

1. 为什么在进行输电线路分段式过流保护实验时，要退出其他保护功能？

2. 故障过电流的相角对保护装置行为有何影响？试分析原因。

4.2　实验二　输电线路零序过流继电保护实验

4.2.1　实验目的

1. 熟悉和掌握智能变电站实验系统启动方法、线路保护装置定值配置方法、模拟电网故障设置及继电保护测试仪的操作方法。

2. 通过输电线路的短路故障实验,记录和观察故障电压、电流波形及相关实验数据,理解输电线路故障过程及零序过流继电保护工作原理。

3. 通过输电线路故障电压、电流波形分析及保护装置动作行为的分析,理解和掌握短路类型及保护定值对输电线路零序过流继电保护功能的影响。

4.2.2　实验原理

本实验以智能变电站综合实验系统所装设的 PSL 603U 线路保护装置为基础,与实验一一样,其基本原理结构如第 3 章中的图 3.3 所示。

根据第 3 章所述模拟变电站的输电线路保护一次主接线图,针对输电线路保护实验,假设输电线路 Line1 的出线断路器 2201 处装设了 PSL 603U 线路保护装置,保护装置出口接有 PSS 01B 断路器模拟装置,用于模拟断路器 2201 的行为,其模拟主接线如图 4.18 所示。实验对象为该输电线路对应的保护装置,通过在故障点 G、H、K 处分别设置不同的故障,进行模拟实验,观察断路器 2201 处继电保护装置、断路器模拟装置、录波装置、监控系统的状态,理解保护装置的基本工作原理。

在图 4.18 中,Zk 为所装设的 PSL 603U 线路保护装置,其电压与电流输入量来自 220 kV 母线与断路器 2201 之间所装设的电压互感器 EPT 与电流互感器 ECT 的测量量,即基于 IEC 61850 标准的 SMV 信号量。

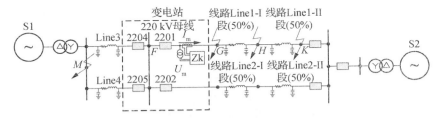

图 4.18　实验输电线路零序过流保护模拟一次主接线图

实验时,对短路电流波形进行录波,再通过作图求取相关零序电流分量值及保护动作时间,分析不同短路故障及保护装置定值对保护动作行为的影响,验证保护装置零序过流动作原理的正确性。

在本次实验中,相关短路点有 H、K、M 三个,其中短路点 H 对应于输电线路零序 Ⅱ 段短路试验,K 点对应于输电线路零序 Ⅲ 段短路试验,M 点对应于输电线路反向短路故障试验。分别在输电线路 H、K、M 点发生不同类型非对称短路故障时,输电线路中将流过短路电流,且零序电流随短路类型的不同而不同。对于输电线路零序反时限短路试验则通过试验测试设备生成多个测试点进行测试,最终得到完整的测试曲线。

PSL 603U 保护装置的零序电流保护包括零序加速段、零序Ⅱ段、零序Ⅲ段及零序反时限电流保护等。另外,还有作为保护启动元件之一的零序电流瞬时启动元件。为简化实验,本实验中的短路电压、电流均以保护测试仪或试验测试装置设定的零序电流和短路阻抗为准,因此,在保护动作验证与定值校验中,实际短路电压、电流以继电保护测试仪的设定值为依据。

4.2.3 实验内容及步骤

本实验的主要内容为在模拟实验系统中,通过实验操作,熟悉实验室环境及实验设备,掌握实验系统的启动、定值与参数设置及实验操作方法;选择不同短路点进行各种短路故障实验,录取短路时刻的电压、电流波形,观察保护装置动作情况,然后根据所学知识,分析不同故障参数及保护装置定值参数的设置对保护装置零序过流保护行为的影响,理解和掌握输电线路零序过流保护的工作原理。

4.2.3.1 实验内容

本次实验针对零序Ⅱ段、零序Ⅲ段、零序反时限保护及故障选相元件功能进行实验,主要实验项目如下:

1)零序Ⅱ段保护动作验证及其定值校验

该实验项目选取故障相别,分别测试 1.05 倍及 0.95 倍保护整定值的零序Ⅱ段保护动作情况,获取故障录波波形图,计算并校验定值的正确性,验证故障相别的正确性。

2)零序Ⅲ段保护动作验证及其定值校验

该实验项目选取故障相别,分别测试 1.05 倍及 0.95 倍保护整定值的零序Ⅲ段保护动作情况,获取故障录波波形图,计算并校验定值的正确性,验证故障相别的正确性。

3)零序反时限保护动作验证及其定值校验

该实验项目选取故障相别,分别测试 10 个不同零序电流值的零序反时限保护动作情况,绘制零序电流反时限特性曲线,计算并校验定值的正确性,验证故障相别的正确性。

4.2.3.2 实验步骤

实验操作基本步骤如下:

(以下步骤以零序Ⅱ段和Ⅲ段保护动作验证及其定值校验为例)

1)继电保护装置定值的整定

根据 PSL 603U 保护装置的工作原理,要进行继电保护装置的实验与保护动作验证,与实验一类似,必须根据需要对装置保护定值进行整定,仍然采用智能变电站综合自动化实验系统的监控主站 PS 6000+自动化监控系统软件平台进行保护装置定值的查看与修改,具体见实验一。

在控制台左下角点击【开始】【应用功能】【保护管理】菜单,即可启动"保护设备管理进程"程序,如图 4.19 所示。

图 4.19　设备管理进程界面图

在设备管理进程界面中，展开窗口左侧的"工程对象库"，找到"220 kV♯1 线路保护（PSL 603U）"中的"保护 LD"，在窗口右侧的"定值"选项卡中，选择正确的定值"区号"，点击"上装"按钮，可以查看和修改保护装置定值；与实验一相同，需要注意的当前运行定值区号，这可以通过在"区号"选项卡中上装当前定值区号进行确认。

对于零序Ⅱ段和Ⅲ段保护动作验证及其定值校验实验项目来说，为了避免零序反时限保护的影响，需要将零序反时限保护"退出"，这通过将保护定值中的【零序反时限】控制字设为"0"即可，设置完成后，需要将保护定值【下装】，即写入保护装置，并生效。

在 PSL 603U 保护装置 LCD 触摸屏上使用装置旁边所装设的触摸笔，点击 LCD 界面首页的【定值管理】，弹出"密码验证"对话框，输入密码后，在弹出的定值界面中点击【保护定值】选项卡，即可在列表中查看和修改定值。

2）实验保护测试仪或测试装置的参数设置

智能变电站综合自动化实验系统仍然采用继电保护测试仪作为实验测试设备。根据实验需求，通过继电保护测试仪根据所设置的参数生成变电站自动化系统所需要电压、电流信号（即基于 IEC 61850 标准 SMV 或 GOOSE 报文），并通过光纤接入变电站综合自动化实验系统的"SMV、GOOSE 网络交换机"，用于模拟变电站中的合并单元。测试仪的运行与测试是通过网线与测试仪连接的后台 PC 主机软件进行的，其连接原理结构如图 3.3 所示。

实验系统中使用了两台继电保护测试仪，分别为♯1 和♯2 号测试仪。本实验与实验一类似，是在♯2 测试仪或试验设备上进行。实验中的主要操作是通过运行于测试仪后台 PC 中的上位机控制软件进行的。

在测试仪后台 PC 桌面上的图标"PowerTest"为保护测试仪上位机控制软件程序图标；鼠标双击该图标启动保护测试仪上位机测试软件，界面同实验一。

根据实验需要,对于零序保护实验,点击测试仪上位机软件主界面中的【专项测试】【零序保护】列表,然后点击【确定】按钮,进入"零序保护"测试程序。

为了简化实验操作,保护测试仪上位机软件参数已经预设好,并以测试模板文件的形式存储在电脑中。对于"零序过流保护动作验证及其定值校验"项目,只需要点击程序【主菜单】中的【模板文件】【打开】菜单,在弹出文件对话框中,选择"PSL 603U 零序过流保护实验测试.TPL"文件即可,模板打开后,程序显示界面如下:

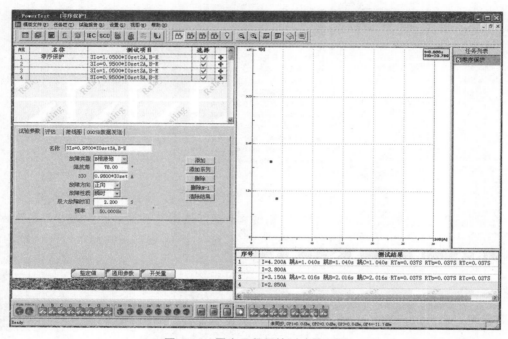

图 4.20　零序 Ⅱ 段保护测试界面图

由图 4.20 可见,共有四个子项目:前两个为零序 Ⅱ 段保护测试,分为两个测试子项目,一个是 1.05 倍零序 Ⅱ 段电流保护定值(I0set2)的零序电流保护动作测试,一个是 0.95 倍零序 Ⅱ 段电流保护定值(I0set2)的零序电流保护动作测试;与前两个测试项目类似,后两个为零序 Ⅲ 段测试项目(对应于零序 Ⅲ 段电流保护定值 I0set3)。具体参数在程序界面左中部的"试验参数"选项卡中进行设置。

对于测试仪中的"保护定值"参数应该按照试验对象(PSL 603U 保护装置)的定值进行设置,这可以通过点击程序界面左下部的【整定值】按钮进行设置,如图 4.21 所示。

上图中粗线方框中的参数需要与保护装置定值表中的参数对应(表 3.5 的第 23 项至第 26 项)。

在测试程序左下部【整定值】按钮右边的【通用参数】按钮用于设置其他测试参数,其中【故障触发方式】选择"按键",这种情况下,测试仪运行时,故障是通过点击最下边的【F3】按钮进行触发的。

对于基于 IEC 61850 标准的数字式保护装置,在保护测试仪中,需要预先根据保护装置模型,设置所要模拟的逻辑节点,主要是 SMV 及 GOOSE 信号参数,设置方法与实验一相同。

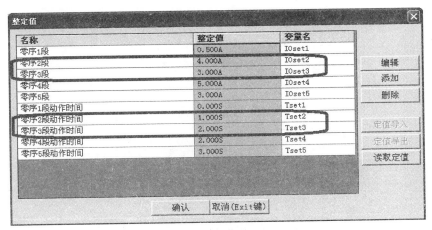

图 4.21 保护测试装置零序Ⅱ段及Ⅲ段整定值设置界面图

为了简化实验操作,IEC 报文参数已根据保护装置预设好,实验过程中无需改动。

参数设置完成后,点击程序窗口最下边的"运行状态与试验控制"栏中的【F2】按钮启动试验。试验启动后,测试仪将会输出 SMV 信号至变电站自动化系统中对应的保护装置(PSL 603U),此时,查看保护装置的运行状态,可以看到正常的电压、电流数值。

3) 继电保护装置及断路器模拟装置状态检查及设置

保护测试仪测试环境及参数设置完成后,需要检查继电保护装置的状态,按压 PSL 603U 保护装置面板左侧的"复位",以清除原警告信息及警告指示灯状态,并查看 LCD 液晶触摸显示屏中的保护装置相关信息。

PSL 603U 保护装置的出口所连接的是♯1 断路器模拟装置(PSS 01B)。在模拟故障发生前,断路器需要处于合闸状态,点击♯1 断路器模拟装置面板上【手动合闸】按钮,操作断路器合闸,断路器合位红色指示灯亮起,具体见实验一。

4) 故障模拟试验测试操作

设备状态检查完成后,可以开始进行模拟故障试验,点击保护测试仪上位机软件窗口中最下面的"运行状态与试验控制"栏中的【F3】按钮,启动第一项故障试验。随后,查看保护装置的 LCD 显示屏所显示故障信息,监控后台也会有相应的保护动作信息列表。如果保护装置出口动作,则断路器模拟装置会发出跳闸音响提示,观察断路器模拟装置面板中断路器的分合闸位置的变化。同时,可通过 PS 6000+监控系统"告警信息"窗口查看保护动作相关信息,如图 4.22 所示。

第一项完成后,如果还有第二项,则继续点击【F3】按钮,进行第二项故障试验,试验之前需要对保护装置及断路器模拟装置进行与步骤 3)一样的检查与设置。如有更多子项目,则按照上述步骤重复进行即可。

需要注意的是:实验过程中,如果某子项实验导致故障跳闸,在开始新的实验子项目之前,需要将模拟断路器手动合闸。

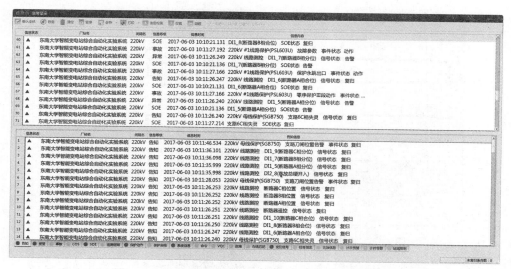

图 4.22　PS 6000＋监控系统零序保护动作告警信息图

5）获取和记录实验数据

（1）故障现象及数据记录

实验现象观察完成后，记录保护装置动作信息，这可以通过操作 PSL 603U 保护装置的 LCD 触摸屏进行查看并记录，如图 4.23 所示。

在测试过程中，如果某个子项目实验的测试结果中只有电流值，而没有跳闸信息（查看图 4.20 中测试软件界面的"测试结果"窗口列表内容），表示该子项目测试时，保护装置并没有动作。

需要记录的故障信息及实验数据如表 4.3 所示。

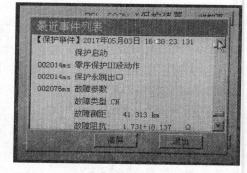

图 4.23　PSL 603U 保护装置面板触摸屏动作信息界面图

表 4.3　PSL 603U 线路零序过流保护实验数据记录表

序号	继电保护测试仪或测试装置			PSL 603U 继电保护装置			断路器是否跳闸（保护是否动作）
	故障测试类型	最大故障时间（s）	故障电流（A）	故障类型	动作时间（s）	故障电流（A）	
1	零序Ⅱ段 A—E 故障 1						
2	零序Ⅱ段 A—E 故障 2						
3	零序Ⅲ段 B—E 故障 1						
4	零序Ⅲ段 B—E 故障 2						
5	零序反时限 A—E 故障 1						
6	零序反时限 A—E 故障 2						
7	零序反时限 A—E 故障 3						

续表 4.3

序号	继电保护测试仪或测试装置			PSL 603U 继电保护装置			断路器是否跳闸（保护是否动作）
	故障测试类型	最大故障时间(s)	故障电流(A)	故障类型	动作时间(s)	故障电流(A)	
8	零序反时限 A—E 故障 4						
9	零序反时限 A—E 故障 5						
10	零序反时限 A—E 故障 6						
11	零序反时限 A—E 故障 7						
12	零序反时限 A—E 故障 8						
13	零序反时限 A—E 故障 9						
14	零序反时限 A—E 故障 10						

在表 4.3 中，"故障测试类型"列中的"A—E"表示 A 相接地短路故障，"B—E"表示 B 相接地短路故障。

（2）故障录波波形获取

当模拟故障发生后，如果继电保护装置动作，则保护装置将录取故障电压、电流波形，可通过监控系统主站的设备管理进程界面获取，具体操作是：

在设备管理进程界面中，展开窗口左侧的"工程对象库"，找到"220 kV ♯1 线路保护（PSL 603U)"中的"保护 LD"，在窗口右侧的"录波"选项卡中，选择正确的录波"区号"，点击"上装"按钮，在弹出的文件对话框中，选择与故障时间对应的文件名，确认后可以查看保护装置录波波形，并通过打印获取波形文件，用于实验分析，如图 4.24 所示。

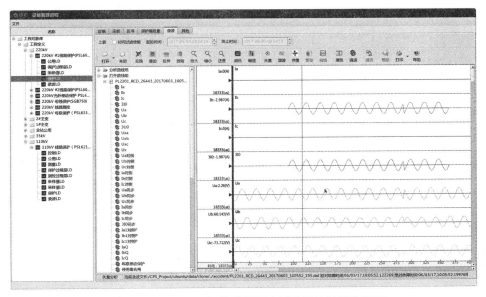

图 4.24　PSL 603U 保护装置零序过流录波波形获取图

6）各分项实验操作步骤

根据本实验项目的要求，各个分项实验的主要操作大致如上述步骤1）至步骤5）所述，但又有所区别，主要测试项目操作区别如下：

（1）步骤1）中保护定值的修改

不同实验项目中，部分保护定值需要根据表4.4修改。

表4.4　PSL 603U装置线路零序过流保护实验测试控制字设置表

保护控制字	实验测试项目		
	零序Ⅱ段保护	零序Ⅲ段保护	零序反时限保护
距离保护Ⅰ段	0—退出	0—退出	0—退出
距离保护Ⅱ段	0—退出	0—退出	0—退出
距离保护Ⅲ段	0—退出	0—退出	0—退出
零序电流保护	1—投入	1—投入	0—退出
零序过流Ⅲ段经方向	0—退出	0—退出	0—退出
零序反时限	0—退出	0—退出	1—投入

（2）步骤2）中保护测试仪或测试装置的模板文件选择

不同实验项目中，保护测试仪模板文件进行如下选择：

对于零序Ⅱ段及零序Ⅲ段保护，选择模板文件"PSL 603U 零序Ⅱ和Ⅲ段保护实验测试.TPL"；对于零序反时限保护，选择模板文件"PSL 603U 零序电流反时限保护.TPL"。

（3）零序反时限保护实验操作

对于零序反时限保护实验，其操作步骤与零序Ⅱ段及零序Ⅲ段保护实验基本相同，只是实验模板文件的选择及保护装置控制字的设置是不同的，具体参照上述（1）和（2）部分的说明。

4.2.4　实验结果分析

实验完成后，根据获取的数据及录波波形，做如下分析：

（1）零序Ⅱ段及零序Ⅲ段电流保护实验数据分析

对于零序Ⅱ段及零序Ⅲ段电流保护，依据保护动作情况、动作时间、保护装置的定值，以及录波波形，计算故障电流的幅值与相角，比较测试仪故障零序电流与保护装置监测的故障零序电流的差别，根据第2章中所述原理及相关公式，分析保护装置动作的正确性，校验定值的正确性，验证故障相别的正确性。

（2）零序反时限电流保护实验数据分析

对于零序反时限电流保护，依据保护动作情况、动作时间，绘制零序电流反时限特性曲线。根据保护装置的定值及第2章式(2.103)的IEC反时限特性公式，计算并绘制理论零序电流反时限特性曲线，比较两条曲线的差别，根据第2章中所述原理及相关公式，分析保护装置动作的正确性，校验定值的正确性，验证故障相别的正确性。

4.2.5 实验报告

（1）实验过程中，记录实验数据，并通过监控后台获取录波波形数据。

（2）根据实验数据及故障录波波形，计算故障电流的幅值与相角，分析保护装置零序Ⅱ段及零序Ⅲ段电流保护动作及定值的正确性，验证故障相别的正确性。

（3）根据实验数据，依据保护动作情况、动作时间、保护定值，绘制零序电流反时限特性实测曲线与理论曲线，对比两条曲线，分析保护装置动作的正确性，校验定值的正确性，验证故障相别的正确性。

4.2.6 拓展实验

在上述基本实验的基础上，针对以下项目进行拓展性实验：

1）改变装置零序Ⅱ段保护整定值并进行保护动作验证及其定值校验

该实验项目要求实验者或指导教师修改线路保护装置零序Ⅱ段保护整定值，选择不同故障相别进行故障实验，拟订新的实验方案，然后分别测试 1.05 倍及 0.95 倍保护整定值的零序Ⅱ段保护动作情况，获取故障录波波形图，并校验定值的正确性，验证故障相别的正确性。

2）改变装置零序Ⅲ段保护整定值并进行保护动作验证及其定值校验

该实验项目要求实验者或指导教师修改线路保护装置零序Ⅲ段保护整定值，选择不同故障相别进行故障实验，拟订新的实验方案，然后分别测试 1.05 倍及 0.95 倍保护整定值的零序Ⅲ段保护动作情况，获取故障录波波形图，并校验定值的正确性，验证故障相别的正确性。

3）改变装置零序反时限保护整定值并进行保护动作验证及其定值校验

该实验项目要求实验者或指导教师修改线路保护装置零序反时限保护整定值，选择不同故障相别进行故障实验，拟订新的实验方案，重新合理选择测试点，然后分别测试 10 个不同零序电流值的零序反时限保护动作情况，绘制零序电流反时限特性曲线，并校验定值的正确性，验证故障相别的正确性。

4.2.7 预习要求

1. 熟悉 PSL 603U 继电保护装置零序电流及零序反时限保护原理，仔细阅读本实验教程相关理论部分。

2. 熟悉实验过程中所使用的测试设备试验方法，理解实验原理及有关操作步骤。

3. 熟悉实验系统测试项目及其试验测试目的。

4.2.8 实验研讨与思考题

1. 为什么在进行输电线路零序分段式保护实验时，要退出电流反时限保护功能？

2. 零序故障电流的相角对保护行为有何影响？试分析原因。

4.3 实验三 输电线路多段式距离保护实验

4.3.1 实验目的

1. 熟悉和掌握智能变电站实验系统线路距离保护装置定值配置方法、模拟电网故障设置及继电保护测试装置的操作方法；

2. 通过输电线路的短路故障实验，记录和观察故障电压、电流波形及实验数据，理解输电线路故障过程及接地距离与相间距离继电保护工作原理；

3. 通过输电线路故障电压、电流波形分析及保护装置动作行为的分析，理解和掌握短路类型及保护定值对输电线路距离保护功能的影响。

4.3.2 实验原理

本实验仍然以智能变电站综合自动化实验系统所装设的 PSL 603U 线路保护装置为基础，与实验二的试验环境类似，根据模拟典型输电线路运行的主接线，计算得到各种运行状况下的电压、电流数字量，然后将数字量通过测试装置生成系统运行的电压与电流数字报文，并经智能变电站的网络交换机送入继电保护装置，以模拟电网运行的各种故障现象，其基本原理结构如图 3.3 所示。

根据第 3 章所述模拟变电站的输电线路保护一次主接线图，针对输电线路距离保护实验，假设输电线路 Line1 的出线断路器 2201 处装设了 PSL 603U 线路保护装置，保护装置出口接有 PSS01B 断路器模拟装置，用于模拟断路器 2201 的行为；实验对象为该条输电线路对应的保护装置，通过在故障点 A、B、C、D、E 处分别设置不同的故障，进行模拟实验，观察断路器 2201 处继电保护装置、断路器模拟装置、录波装置、监控系统的状态，理解保护装置的基本工作原理，其主接线如图 4.25 所示。

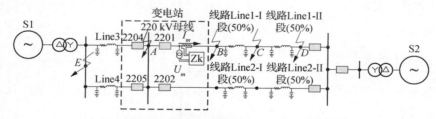

图 4.25 实验线路距离保护模拟一次主接线图

图 4.25 中，Zk 为所装设的 PSL 603U 线路保护装置，其电压与电流输入量与实验二一样，均来自 220 kV 母线与断路器 2201 之间所装设的电压互感器 EPT 与电流互感器 ECT 的测量量，即基于 IEC 61850 标准的 SMV 信号量。

根据本书第 2 章所述电力系统继电保护原理相关理论，及第 3 章 PSL 603U 线路保护装置原理，可知 PSL 603U 线路距离保护主要由三段式相间距离继电器、接地距离继电器及辅助阻抗元件构成，相间、接地距离继电器主要由偏移阻抗元件、全阻抗辅助元件、正序方向元件等构成,其中接地距离继电器含有零序电抗器元件。

实验时,模拟在线路不同点上的短路故障,对短路电压、电流波形进行录波,再通过作图求取相关短路电流分量值、短路阻抗值及保护动作时间,分析不同短路故障及保护装置定值对保护动作行为的影响,验证保护装置距离保护动作原理的正确性。

在本次实验中,其主接线如图 4.25 所示,其中短路点 A、E 相当于线路反方向短路,B、C、D 点为线路正方向短路,且短路距离不同。

PSL 603U 保护装置的距离保护包括接地距离Ⅰ段、Ⅱ段和Ⅲ段及相间距离Ⅰ段、Ⅱ段和Ⅲ段保护等。另外,还有若干启动元件,作为保护启动元件之一。

4.3.3　实验内容及步骤

本实验的主要内容为在实验二的基础上,针对 PSL 603U 输电线路距离保护,通过实验操作,选择不同短路点进行不同短路故障实验,录取短路时刻的电压、电流波形,观察保护装置距离保护动作情况,然后根据所学知识,分析不同故障参数及保护装置定值参数的设置对保护装置距离保护行为的影响,理解和掌握输电线路距离保护的工作原理。

4.3.3.1　实验内容

本次实验针对 PSL 603U 线路接地及相间距离Ⅰ段、Ⅱ段及Ⅲ段保护进行实验,主要实验项目如下:

1) 相间、接地距离Ⅰ段保护动作验证及其定值校验

该实验项目分别测试 1.05 倍及 0.95 倍保护整定值的相间及接地距离Ⅰ段保护动作情况,获取故障录波波形图,并校验定值的正确性。

2) 相间、接地距离Ⅱ段保护动作验证及其定值校验

该实验项目分别测试 1.05 倍及 0.95 倍保护整定值的相间及接地距离Ⅱ段保护动作情况,获取故障录波波形图,并校验定值的正确性。

3) 相间、接地距离Ⅲ段保护动作验证及其定值校验

该实验项目分别测试 1.05 倍及 0.95 倍保护整定值的相间及接地距离Ⅲ段保护动作情况,获取故障录波波形图,并校验定值的正确性。

4.3.3.2　实验步骤

实验操作基本步骤如下:

1) 继电保护装置定值的整定

根据 PSL 603U 保护装置原理,要进行继电保护装置的实验与保护动作验证,与实验一类似,必须根据需要对装置保护定值进行整定,仍然采用变电站综合自动化系统的监控主站 PS 6000＋自动化监控系统软件平台进行保护装置定值的查看与修改,具体见实验一。

2) 实验保护测试仪或测试装置的参数设置

本实验仍然使用继电保护测试仪作为实验测试装置,保护测试仪的连接与实验二相同。♯1 测试仪或试验装置用于生成与实验关系不大的合并单元信号,♯2 测试仪或试验装置用于生成实验所需信号,并进行实验。实验中的主要操作是通过运行于测试仪后台 PC 中的上

位机控制软件进行的。

在测试仪后台 PC 桌面上的图标"PowerTest"为保护测试仪上位机控制软件程序图标；使用鼠标双击该图标启动保护测试仪上位机测试软件，界面同实验一。

根据实验需要，对于距离保护实验，点击测试仪上位机软件主界面中的【专项测试】【距离保护】列表，然后点击【确定】按钮，进入"距离保护"测试程序，如图 4.26。

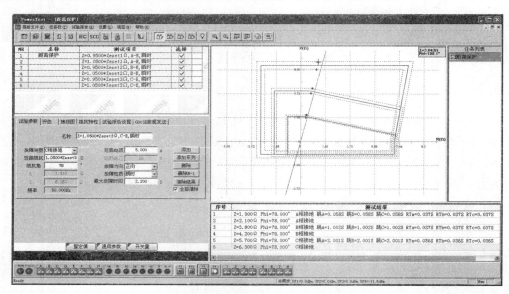

图 4.26　距离保护测试软件界面图

保护测试仪上位机软件参数已经预设好，并以测试模板文件的形式存储在电脑中。对于本次实验项目，只需要点击程序【主菜单】中的【模板文件】【打开】菜单，在弹出的文件对话框中，选择实验对应的测试模板文件；对于接地距离保护测试，选择"PSL 603U 线路接地距离保护测试.TPL"文件，针对相间距离保护测试，选择"PSL 603U 线路相间距离保护测试.TPL"文件。

由图 4.26 可见，接地距离保护测试分为六个测试子项目，分别对应于 1.05 倍及 0.95 倍接地距离Ⅰ段、Ⅱ段、Ⅲ段定值的保护动作测试，具体参数在程序界面左中部的"试验参数"选项卡中进行设置。

对于测试仪测试程序中的"保护定值"应该按照试验对象（PSL 603U 保护装置）的定值进行设置，这可以通过点击程序界面左下部的【整定值】按钮进行设置，如图 4.27 所示。图中粗线方框中参数需要与保护装置对应（表 3.5 的第 12 项至第 21 项、第 45、46 项）。其中，零序补偿系数计算方式选择为【KR，KX】方式。

在测试程序左下部【整定值】按钮右边的【通用参数】按钮用于设置其他测试参数，其中【故障触发方式】选择"按键"，这种情况下，测试仪运行时，故障是通过点击最下边的【F3】按钮进行触发的。

参数设置完成后，点击程序窗口最下面的"运行状态与试验控制"栏中的【F2】按钮启动试验。试验启动后，测试仪将会输出 SMV 信号至智能变电站自动化系统中对应的保护装置

（PSL 603U），此时，查看保护装置的运行状态，可以看到正常运行的电流、电压数值。

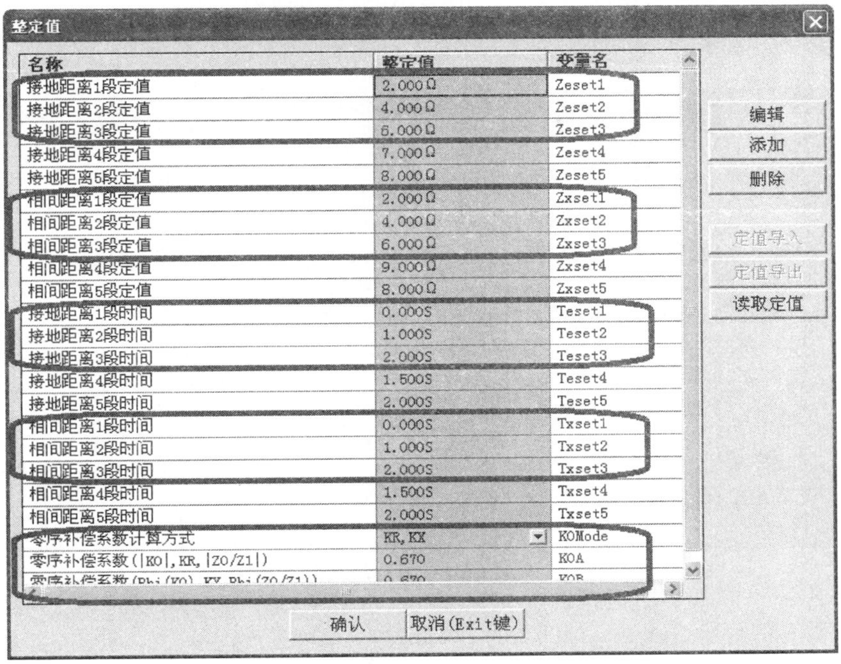

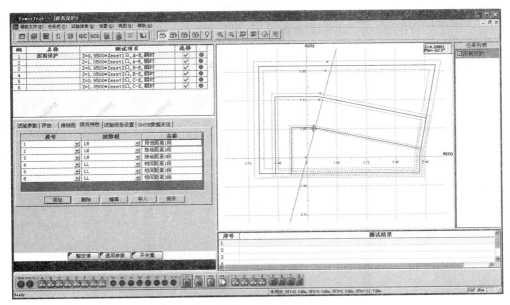

图 4.27　保护测试装置距离保护整定值设置界面图

为了对比阻抗特性，可以在"阻抗特性"选项卡中从文件装载保护装置的阻抗特性参数，方法是：点击【阻抗特性】选项卡，如图 4.28 所示。

图 4.28　保护测试仪阻抗特性设置界面图

为了方便实验,阻抗特性参数已按照保护装置定值进行了设置,并以模板文件的形式存储在本地电脑中,可以通过"阻抗特性"选项卡中的【导入】按钮进行导入,点击【导入】,在弹出的对话框中,选择"PSL 603U 线路距离保护. rio"文件即可,如图 4.29 所示。

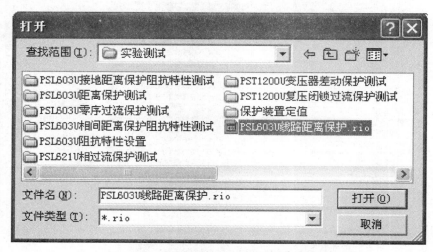

图 4.29　保护测试仪阻抗特性参数导入图

实验所需 SMV 及 GOOSE 信号参数已预设好,无需更改。

3)继电保护装置及断路器模拟装置状态检查及设置

保护测试仪测试环境及参数设置完成后,需要检查继电保护装置的状态,按压 PSL 603U 保护装置面板左侧的"复位"按钮,以清除原警告信息及警告指示灯,并查看 LCD 液晶触摸显示屏中的保护装置信息,PSL 603U 保护装置的出口所连接的 PSS 01B 断路器模拟装置的操作与实验一相同。

4)模拟故障实验测试操作

设备状态检查完成后,可以开始进行模拟故障试验。点击保护测试仪上位机软件窗口中最下边的"运行状态与试验控制"栏中的【F3】按钮,启动第一项故障试验,基本操作与实验一相同。

5)获取和记录实验数据

(1)故障现象及数据记录

实验现象观察完成后,记录保护装置动作信息,这可以通过 PSL 603U 保护装置的 LCD 触摸屏中查看并记录,如图 4.30 所示。

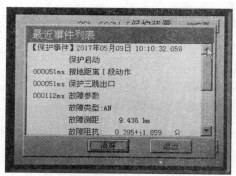

图 4.30　保护装置面板触摸屏距离保护动作信息图

在实验测试过程中,如果某个子项目实验的测试结果中只有阻抗值及故障类型,而没有跳闸时间等信息(查看图4.26中测试软件界面的"测试结果"窗口列表内容),表示该子项目测试时,保护装置没有动作。

需要记录的故障信息及数据如表4.5所示。

表4.5 PSL 603U 线路距离保护实验数据记录表

序号	继电保护测试仪或试验测试装置			PSL 603U 继电保护装置			断路器是否跳闸(保护是否动作)
	故障测试类型	最大故障时间(s)	故障阻抗幅值/相角(Z)	故障类型	动作时间(s)	故障阻抗($a+jb\ \Omega$)	
1	接地距离Ⅰ段 A—E 故障1						
2	接地距离Ⅰ段 A—E 故障2						
3	接地距离Ⅱ段 B—E 故障1						
4	接地距离Ⅱ段 B—E 故障2						
5	接地距离Ⅲ段 C—E 故障1						
6	接地距离Ⅲ段 C—E 故障2						
7	相间距离Ⅰ段 A—E 故障1						
8	相间距离Ⅰ段 A—E 故障2						
9	相间距离Ⅱ段 B—E 故障1						
10	相间距离Ⅱ段 B—E 故障2						
11	相间距离Ⅲ段 C—E 故障1						
12	相间距离Ⅲ段 C—E 故障2						

在表4.5中,"故障测试类型"列中的"A—E"表示A相接地短路故障,"B—E"表示B相接地短路故障,"C—E"表示C相接地短路故障。

(2)故障录波波形获取

实验中故障录波的获取方法与实验二相同,请参考实验二的操作。

6)各分项实验操作步骤

根据本实验项目的要求,各个分项实验的主要操作大致如上1)至5)步所述,但又有所区别,主要测试项目操作区别如下:

(1)步骤1)中保护定值的修改

不同实验项目中,部分保护定值需要按表4.6修改。

表4.6 PSL 603U 装置线路距离保护实验测试控制字设置表

保护控制字	实验测试项目		
	距离Ⅰ段保护	距离Ⅱ段保护	距离Ⅲ段保护
距离Ⅰ段保护	1—投入	1—投入	1—投入
距离Ⅱ段保护	1—投入	1—投入	1—投入
距离Ⅲ段保护	1—投入	1—投入	1—投入
零序电流保护	0—退出	0—退出	0—退出
零序过流Ⅲ段经方向	0—退出	0—退出	0—退出
零序反时限	0—退出	0—退出	0—退出

另外,实验项目开始之前,需要检查保护控制屏上保护压板的投切状态,保证相关保护功能的投入。

(2)步骤2)中保护测试仪或测试装置的模板文件选择

不同实验项目中,保护测试仪模板文件进行如下选择:对于接地距离保护,选择模板文件"PSL 603U 线路接地距离保护测试. TPL";对于相间距离保护,选择模板文件"PSL 603U 线路相间距离保护测试. TPL"。

4.3.4 实验结果分析

实验完成后,根据获取的数据及录波波形,做如下分析:

1)接地距离Ⅰ段、Ⅱ段及Ⅲ段保护实验数据分析

对于输电线路接地距离Ⅰ段、Ⅱ段及Ⅲ段保护,依据保护动作情况、动作时间、保护装置的定值,以及录波波形,计算故障电流的幅值与相角及距离阻抗,比较测试仪故障电流、距离阻抗与保护装置监测的故障电流、距离阻抗等参数的差别,根据第2章中所述原理及相关公式,分析保护装置接地距离保护动作的正确性,校验定值的正确性。

2)相间距离Ⅰ段、Ⅱ段及Ⅲ段保护实验数据分析

对于输电线路相间距离Ⅰ段、Ⅱ段及Ⅲ段保护,依据保护动作情况、动作时间、保护装置的定值,以及录波波形,计算故障电流的幅值与相角及距离阻抗,比较测试仪故障电流、距离阻抗与保护装置监测的故障电流、距离阻抗等参数的差别,根据第2章中所述原理及相关公式,分析保护装置相间距离保护动作的正确性,校验定值的正确性。

4.3.5 实验报告

(1)实验过程中,记录实验数据,并通过监控后台获取录波波形数据。

(2)根据实验数据及故障录波波形,计算故障电流的幅值与相角、距离阻抗等参数,分析保护装置线路距离Ⅰ段、Ⅱ段及Ⅲ段保护动作及定值的正确性。

(3)根据第2章及第3章中相关理论,计算并判定保护装置距离保护动作的准确值,与实验数据对比,分析保护装置定值整定与动作的正确性。

4.3.6 拓展实验

在上述基本实验的基础上,针对以下项目进行拓展性实验:

1. 改变装置相间、接地距离Ⅰ段保护整定值并进行保护动作验证及其定值校验

该实验项目要求实验者或指导教师选择线路保护装置相间、接地距离Ⅰ段保护整定值中的一个或多个参数进行修改,分别重新设定测试仪故障相别、正向、反向故障等参数,拟订新的实验方案,然后分别测试1.05倍及0.95倍保护整定值的相间及接地距离Ⅰ段保护动作情况,观察测试点的变化,获取故障录波波形图,并校验定值的正确性。

2. 改变装置相间、接地距离Ⅱ段保护整定值并进行保护动作验证及其定值校验

该实验项目要求实验者或指导教师选择线路保护装置相间、接地距离Ⅱ段保护整定值中的一个或多个参数进行修改,分别重新设定测试仪故障相别、正向、反向故障等参数,拟订

新的实验方案,然后分别测试 1.05 倍及 0.95 倍保护整定值的相间及接地距离Ⅱ段保护动作情况,观察测试点的变化,获取故障录波波形图,并校验定值的正确性。

3. 改变装置相间、接地距离Ⅲ段保护整定值并进行保护动作验证及其定值校验

该实验项目要求实验者或指导教师选择线路保护装置相间、接地距离Ⅲ段保护整定值中的一个或多个参数进行修改,分别重新设定测试仪故障相别、正向、反向故障等参数,拟订新的实验方案,然后分别测试 1.05 倍及 0.95 倍保护整定值的相间及接地距离Ⅲ段保护动作情况,观察测试点的变化,获取故障录波波形图,并校验定值的正确性。

4.3.7 预习要求

1. 熟悉 PSL 603U 线路距离保护原理,仔细阅读本实验教程相关理论部分。
2. 熟悉实验过程中所使用的实验设备试验方法,理解实验原理及有关操作步骤。
3. 熟悉实验系统测试项目及其实验测试目的。

4.3.8 实验研讨与思考题

1. 为什么在进行距离保护实验时,要退出反时限电流保护? 试根据装置定值及相关计算解释原因。
2. 故障电流相角及故障点接地阻抗对距离保护行为有何影响? 试分析原因。

4.4 实验四 输电线路距离保护阻抗特性测定实验

4.4.1 实验目的

1. 熟悉和掌握智能变电站综合自动化系统输电线路距离保护装置定值配置方法、模拟电网故障设置及继电保护测试仪的操作方法。
2. 通过输电线路的短路故障实验,记录和观察故障电压、电流数值,理解输电线路故障动作过程及接地距离与相间距离阻抗特性的测试原理。
3. 通过输电线路故障电压、电流数值分析及保护装置动作行为的分析,学会阻抗特性曲线图的绘制方法,理解和掌握短路类型、故障点阻抗及保护定值对输电线路距离保护阻抗特性的影响。

4.4.2 实验原理

本实验仍然以智能变电站综合自动化实验系统所装设的 PSL 603U 线路保护装置为基础,与实验三的试验环境类似,其基本原理结构如图 3.3 所示。

根据第 3 章所述模拟变电站的线路保护一次主接线图,其主接线如图 4.31 所示。

图 4.31 中,Zk 为所装设的 PSL 603U 线路保护装置,其电压与电流输入量与实验三相同,均来自 220 kV 母线与断路器 2201 之间所装设的电压互感器 EPT 与电流互感器 ECT 的测量量,即基于 IEC 61850 标准的 SMV 信号量。

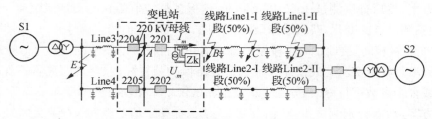

图 4.31　实验线路距离保护模拟一次主接线图

根据本书第 2 章所述电力系统继电保护原理相关理论,及第 3 章 PSL 603U 线路保护装置工作原理,可知 PSL 603U 线路距离保护主要由三段式相间距离继电器、接地距离继电器及辅助阻抗元件构成,相间、接地距离继电器主要由偏移阻抗元件、全阻抗辅助元件、正序方向元件构成,其中,接地距离继电器含有零序电抗器元件。其阻抗特性如下图所示。

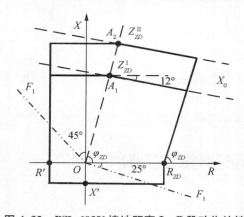

图 4.32　PSL 603U 接地距离Ⅰ、Ⅱ段动作特性

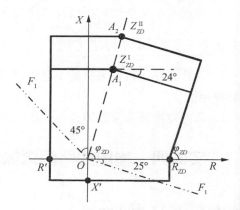

图 4.33　PSL 603U 相间距离Ⅰ、Ⅱ段动作特性

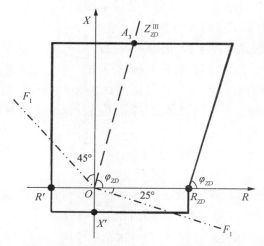

图 4.34　PSL 603U 接地距离Ⅲ段、相间距离Ⅲ段动作特性

实验时,模拟在输电线路不同点上的故障,利用保护测试仪,搜索距离保护装置动作边界,绘制保护装置实际阻抗特性曲线。根据第 2 章及第 3 章相关理论及保护装置定值,绘制

保护装置理论阻抗特性曲线图,比较这两个曲线的差异,验证保护装置动作原理的正确性。

保护测试仪的阻抗边界点搜索沿着预先定义的多条搜索线进行搜索,搜索方式可采用二分法或单步逼近方式。在一个"测试项目"中允许定义多条搜索线,试验开始后所有被定义的搜索线被依次自动搜索。如果在所定义某搜索线上存在与实际阻抗特性曲线的交叉点,则沿该线的搜索结束后,该点被标出。该标记点就是阻抗边界上的一个点。

需要注意的是:在图 4.32、图 4.33、图 4.34 所示的阻抗特性曲线中,如果某段保护距离正序方向元件投入,则保护动作区受正序方向元件 F_1(图中 F_1 虚线以上区域)的限定,应该在 F_1 虚线以上的区域。在搜索阻抗边界时,如果搜索阻抗线的首端或末端阻抗在原点(即 $0\ \Omega$ 点),要避免阻抗角大于 135°或者小于 −25°的情况。

4.4.3 实验内容及步骤

本实验的主要内容是在实验三的基础上,针对输电线路距离保护,通过保护测试仪及实验操作,搜索保护装置阻抗特性动作边界,绘制并得到保护装置的实际阻抗特性曲线图。然后,根据所学知识,以及保护装置定值,绘制理论阻抗特性曲线图,比较两者的异同及误差,分析不同故障参数及保护装置定值参数的设置对保护装置距离保护行为的影响,理解和掌握输电线路距离保护的阻抗特性及工作原理。

4.4.3.1 实验内容

本次实验针对输电线路接地及相间距离Ⅰ段、Ⅱ段及Ⅲ段保护的阻抗特性进行实验,主要实验项目如下:

1)相间、接地距离Ⅰ段保护阻抗特性曲线测定

该实验项目分别搜索和测试相间、接地距离Ⅰ段保护动作边界,绘制 PSL 603U 保护装置相间、接地距离Ⅰ段保护实际阻抗特性曲线图,根据保护定值及保护算法计算并绘制 PSL 603U 装置相间、接地距离Ⅰ段保护的理论阻抗特性曲线,比较两者的误差,并校验阻抗特性的正确性。

2)相间、接地距离Ⅱ段保护阻抗特性曲线测定

该实验项目分别搜索和测试相间、接地距离Ⅱ段保护动作边界,绘制 PSL 603U 保护装置相间、接地距离Ⅱ段保护实际阻抗特性曲线图,根据保护定值及保护算法计算并绘制 PSL 603U 装置相间、接地距离Ⅱ段保护的理论阻抗特性曲线,比较两者的误差,并校验阻抗特性的正确性。

3)相间、接地距离Ⅲ段保护阻抗特性曲线测定

该实验项目分别搜索和测试相间、接地距离Ⅲ段保护动作边界,绘制 PSL 603U 保护装置相间、接地距离Ⅲ段保护实际阻抗特性曲线图,根据保护定值及保护算法计算并绘制 PSL 603U 装置相间、接地距离Ⅲ段保护的理论阻抗特性曲线,比较两者的误差,并校验阻抗特性的正确性。

4.4.3.2　实验步骤

实验操作基本步骤如下：

1）继电保护装置定值的整定

根据 PSL 603U 保护装置原理，要进行继电保护装置的实验与保护动作验证，与实验一相同，必须根据需要对装置保护定值进行整定，仍然采用变电站综合自动化系统的监控主站 PS 6000＋自动化监控系统软件平台进行保护装置定值的查看与修改，具体见实验一。

2）实验保护测试仪或测试装置的参数设置

本项实验仍然采用继电保护测试仪作为实验测试装置。根据实验需求，通过继电保护测试仪生成变电站自动化系统所需要电压、电流信号（即基于 IEC 61850 标准 SMV 或 GOOSE 报文），并通过光纤接入变电站综合自动化系统的"SMV、GOOSE 网络交换机"，用于模拟变电站中的合并单元。测试仪的运行与测试是通过网线与测试仪连接的后台 PC 主机上位机软件进行的，具体如图 3.3 所示。

实验系统中使用了两台继电保护测试仪或测试装置，分别为 ♯1 和 ♯2 号测试仪。与实验三一样，♯2 测试仪用于生成实验所需信号，并进行实验。实验中的主要操作是通过运行于测试仪后台 PC 中的上位机控制软件进行的。

在测试仪后台 PC 桌面上的图标"PowerTest"为保护测试仪上位机控制软件程序图标，鼠标双击该图标启动保护测试仪上位机测试软件，界面同实验一。

根据实验需要，对于距离保护阻抗特性边界搜索实验，点击测试仪上位机软件主界面中的【专项测试】【搜索阻抗边界】列表，然后点击【确定】按钮，进入"搜索阻抗边界"测试程序。

为了简化实验操作，保护测试仪上位机软件参数已经预设好，并以测试模板文件的形式存储在电脑中，对于本实验项目，只需要点击程序【主菜单】中的【模板文件】【打开】菜单，在弹出的文件对话框中，选择对应实验项目模板文件即可，模板打开后，界面如下：

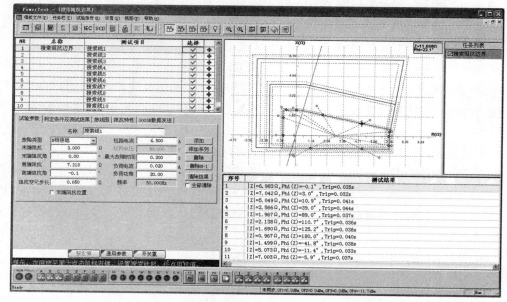

图 4.35　PSL 603U 距离保护 I 段阻抗特性搜索测试界面图

由图 4.35 可见,距离保护阻抗特性搜索测试是保护测试仪通过一系列的搜索线(图中以小圆圈为终点的虚线)进行阻抗动作边界的寻找,其搜索方法是分别以搜索线始端和末端为测试点,测试保护装置的动作行为,再将搜索线等分成两段,根据装置动作情况可判定边界点处于其中的哪一段,并选取该段作为新的测试搜索线,对新的搜索线始端和末端测试点继续进行装置动作测试,如此循环往复,直至搜索线的长度小于误差限为止,那么,最终的测试点即为找到的阻抗特性曲线边界点。具体可查看保护测试仪"搜索阻抗边界"程序右上部的测试图形中的虚线。

对于测试仪中的"通用参数"应该按照试验对象(PSL 603U 保护装置)的定值进行设置,这可以通过点击程序界面左下部的【通用参数】按钮进行设置,如图 4.36 所示。

名称	整定值	变量名
常态时间	6.000秒	PrepareTime
故障前时间	6.000秒	PreFaultTime
保护动作后持续时间	0.500秒	PostFaultTime
TV安装位置	母线侧	PTCON
TA正极性	指向线路	CTPOINT
断路器模拟	不模拟	BCSIMULATION
分闸时间	200ms	TripTime
合闸时间	100ms	CloseTime
合闸角选择	随机	FaultIncMode
合闸角	90.0度	FaultAngle
叠加非周期分量	叠加	DCSIM
计算方式	电流不变	TestMode
系统阻抗	8.000欧姆	Zs
系统阻抗角	90.0度	Phis
零序补偿系数(|K0|,KR,|Z0/Z1|)	0.670	KOA
零序补偿系数(Phi(K0),KX,Phi(Z0/Z1))	0.670	KOB
零序补偿系数计算方式	KR,KX	KOMode
搜索方式	二分法	SearchMode
Uz输出定义	0	VzDefine
Uz参考相定义	Va相位	VzPhDefine
Uz相角(相对参考相)	0.0度	VzPhdiff

编辑　添加　删除

确认　取消(Exit键)

图 4.36　保护测试仪阻抗边界通用参数设置界面图

上图中粗线方框中的参数需要与保护装置定值表中的参数对应(表 3.5 的第 45、46 项)其中,零序补偿系数计算方式选择为【KR,KX】方式。

实验所需 SMV 及 GOOSE 信号参数已预设好,无需更改。

3)继电保护装置状态检查及设置

保护测试仪测试环境及参数设置完成后,需要检查继电保护装置的状态,按压 PSL 603U 保护装置面板左侧的"复位"按钮,以清除原警告信息及警告指示灯,并查看 LCD 液晶触摸显示屏中的保护装置信息,具体操作同实验三。

4）模拟故障实验测试操作

设备状态检查完成后，可以开始进行模拟测试实验，点击保护测试仪上位机软件窗口中最下边的"运行状态与试验控制"栏中的【F2】按钮，启动试验。随后，测试仪将会根据搜索线进行动作边界搜索，每条搜索线的搜索完成后，边界点将被标出（测试程序主窗口右侧图中的蓝色圆圈标记）。实验过程中，多条搜索线的测试是连续进行的，不要中断。保护装置的动作情况可在保护装置的 LCD 显示屏中查看故障信息，也可在监控后台【告警信息】窗口中查看保护动作信息。

如果在实验中某条搜索线未得到测试结果，可在搜索结束后，单独对某条搜索线重新进行测试，这可以通过点击测试程序界面的【测试项目列表】窗口列表中的【选择】栏进行选择。

5）获取和记录实验数据

测试完成后，记录保护装置动作信息及阻抗边界点的信息，同时，通过操作 PSL 603U 保护装置的 LCD 触摸屏界面查看相关信息并记录。

需要记录的故障信息及数据如表 4.7 所示。

表 4.7 PSL 603U 线路距离保护阻抗特性实验数据记录表

序号	继电保护测试仪或试验测试装置			PSL 603U 继电保护装置			
	故障边界点阻抗幅值	故障边界点阻抗角度	故障电压/电流	故障类型	故障测距	故障阻抗	
1							
2							
3							
4							
5							
6							
7							
8							
9							
10							
11							
12							
13							

6）各分项实验操作步骤

根据本实验项目的要求，各个分项实验的主要操作大致如上述步骤1）至步骤5）所述，但又有所区别，主要测试项目操作区别如下：

（1）步骤1）中保护定值的修改

不同实验项目中的部分保护定值需要按表 4.8 修改。

表 4.8　PSL 603U 装置线路距离阻抗特性实验测试控制字设置表

保护控制字	实验测试项目		
	距离Ⅰ段保护	距离Ⅱ段保护	距离Ⅲ段保护
距离保护Ⅰ段	1—投入	0—退出	0—退出
距离保护Ⅱ段	0—退出	1—投入	0—退出
距离保护Ⅲ段	0—退出	0—退出	1—投入
零序电流保护	0—退出	0—退出	0—退出
零序过流Ⅲ段经方向	0—退出	0—退出	0—退出
零序反时限	0—退出	0—退出	0—退出

另外,实验项目开始之前,需要检查保护控制屏上保护压板的投切状态,保证相关保护功能的投入。

（2）步骤 2）中保护测试仪或测试装置的模板文件选择

不同实验项目中,保护测试仪模板文件进行如下选择:

对于接地距离Ⅰ段、Ⅱ段及Ⅲ段保护,选择模板文件"PSL 603U 线路接地距离Ⅰ段保护阻抗特性测试. TPL""PSL 603U 线路接地距离Ⅱ段保护阻抗特性测试"及"PSL 603U 线路接地距离Ⅲ段保护阻抗特性测试";对于相间距离Ⅰ段、Ⅱ段及Ⅲ段保护,选择模板文件"PSL 603U 线路相间距离Ⅰ段保护阻抗特性测试. TPL""PSL 603U 线路相间距离Ⅱ段保护阻抗特性测试"及"PSL 603U 线路相间距离Ⅲ段保护阻抗特性测试"。

4.4.4　实验结果分析

实验完成后,根据获取的数据,做如下分析:

（1）接地、相间距离Ⅰ段、Ⅱ段及Ⅲ段阻抗特性实验数据分析

对于接地、相间距离Ⅰ段、Ⅱ段及Ⅲ段保护,依据测试结果,分别绘制 PSL 603U 装置的接地、相间距离Ⅰ段、Ⅱ段及Ⅲ段实际阻抗特性曲线图,根据第 2 章中所述原理及相关公式,分析保护装置动作的正确性,校验阻抗特性的正确性。

（2）PSL 603U 距离保护阻抗特性理论分析

根据 PSL 603U 距离保护定值,及第 2 章和第 3 章相关理论,计算并绘制 PSL 603U 距离保护的接地、相间距离Ⅰ段、Ⅱ段及Ⅲ段阻抗特性理论曲线。

PSL 603U 距离保护阻抗特性曲线的绘制方法:

以 PSL 603U 距离保护接地距离Ⅰ段、Ⅱ段阻抗特性曲线为例,如图 4.37 所示。

根据本书第 2 章"PSL 603U 系列线路保护装置"中有关"距离保护"部分的理论阐述,由式（2.97）、式（2.98）及第 3 章最后一节中有关定值参数,可以计算出电阻偏移门槛和电抗偏移门槛 R' 和 X' 的值,从而确定图 4.37 中的点 R' 和 X' 的坐标。其中,根据 PSL

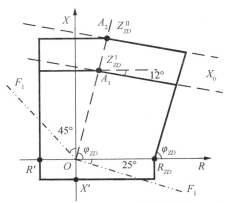

图 4.37　PSL 603U 接地距离
Ⅰ、Ⅱ段动作特性

603U 偏移阻抗特性，接地距离 R_{ZD} 取为负荷限制电阻定值，而相间距离 R_{ZD} 取负荷限制电阻定值的一半，所以对于接地距离Ⅰ段来说，式（2.97）、式（2.98）中的 R_{ZD}、Z_{ZD} 分别对应于表 3.5 PSL 603U 装置保护定值整定表中的"负荷限制电阻定值（JLDZ）"和"接地距离Ⅰ段定值（ZD1）"，而 φ_{ZD} 对应于"线路正序灵敏角（ZXJD）"，$Z_{ZD}'=Z_{ZD}$，因此，由 φ_{ZD} 和 Z_{ZD}' 可以计算出图 4.37 中 A_1 点的坐标，再根据 A_1 点右侧下倾 12°的特征，则可以绘制出接地距离Ⅰ段阻抗特性曲线；同样可以计算并确定 A_2 点的坐标，绘制接地距离Ⅱ段阻抗特性曲线；其他接地、相间阻抗特性曲线都可以根据对应定值计算并绘制。

（3）阻抗特性曲线的分析比较

根据前面两部分的分析，对比 PSL 603U 距离保护阻抗特性实测与理论曲线，比较两者的误差，根据第 2 章中所述原理及相关公式，分析保护装置动作的正确性，校验阻抗特性的正确性。

4.4.5 实验报告

（1）实验过程中，观察并记录实验现象和实验数据。

（2）根据实验数据，分析保护装置距离保护动作及定值的正确性。

（3）根据实验数据，依据保护动作情况、动作时间、保护定值，绘制距离保护阻抗特性实测与理论曲线，对比两条曲线的误差，分析保护装置距离保护动作的正确性，校验装置保护定值的正确性。

4.4.6 拓展实验

在上述基本实验的基础上，针对以下项目进行拓展性实验：

1. 改变装置相间、接地距离Ⅰ段保护整定值并进行保护阻抗特性曲线测定

该实验项目要求实验者或指导教师选择线路保护装置相间、接地距离Ⅰ段保护整定值中一个或多个参数进行修改，拟订新的实验方案，合理选择搜索线，然后分别搜索和测试相间、接地距离Ⅰ段保护动作边界，观察测试边界点的变化，绘制新的 PSL 603U 保护装置相间、接地距离Ⅰ段保护实际阻抗特性曲线图。根据保护定值及保护算法计算并绘制 PSL 603U 装置相间、接地距离Ⅰ段保护的理论阻抗特性曲线，比较两者的误差，并校验阻抗特性的正确性。

2. 改变装置相间、接地距离Ⅱ段保护整定值并进行保护阻抗特性曲线测定

该实验项目要求实验者或指导教师选择线路保护装置相间、接地距离Ⅱ段保护整定值中的一个或多个参数进行修改，拟订新的实验方案，合理选择搜索线，然后分别搜索和测试相间、接地距离Ⅱ段保护动作边界，观察测试边界点的变化，绘制新的 PSL 603U 保护装置相间、接地距离Ⅱ段保护实际阻抗特性曲线图。根据保护定值及保护算法计算并绘制 PSL 603U 装置相间、接地距离Ⅱ段保护的理论阻抗特性曲线，比较两者的误差，并校验阻抗特性的正确性。

3. 改变装置相间、接地距离Ⅲ段保护整定值并进行保护阻抗特性曲线测定

该实验项目要求实验者或指导教师选择线路保护装置相间、接地距离Ⅲ段保护整定值

中的一个或多个参数进行修改,拟订新的实验方案,合理选择搜索线,然后分别搜索和测试相间、接地距离Ⅲ段保护动作边界,观察测试边界点的变化,绘制新的 PSL 603U 保护装置相间、接地距离Ⅲ段保护实际阻抗特性曲线图,根据保护定值及保护算法计算并绘制 PSL 603U 装置相间、接地距离Ⅲ段保护的理论阻抗特性曲线,比较两者的误差,并校验阻抗特性的正确性。

4.4.7　预习要求

1. 熟悉 PSL 603U 系列线路保护装置的距离保护原理,仔细阅读本书相关理论部分。
2. 熟悉实验过程中所使用的测试设备试验方法,理解实验原理及有关操作步骤。
3. 熟悉实验系统测试项目及其实验测试目的。

4.4.8　实验研讨与思考题

1. 为什么在进行某段距离阻抗特性测试实验时,要退出其他段的距离保护及其他类型的保护?
2. 影响距离阻抗特性的主要因素是什么?
3. 测试接地距离阻抗特性曲线时,位于阻抗特性曲线左下角的实际边界点为什么不在特性曲线左下角的直线边界上? 请解释原因。
4. 对于输电线路距离保护,其距离保护定值是如何整定的?

4.5　实验五　电力变压器差动保护实验

4.5.1　实验目的

1. 熟悉和掌握变电站实验系统变压器保护装置定值配置方法、模拟电网故障设置及继电保护测试仪的操作方法;
2. 通过电力变压器的短路故障实验,记录和观察故障电压、电流数值,理解和掌握电力变压器故障过程及变压器差动保护的工作原理;
3. 通过电力变压器故障电压、电流数据分析及保护装置动作行为的分析,理解和掌握短路类型及保护定值对变压器差动保护功能的影响。

4.5.2　实验原理

本实验以智能变电站综合自动化实验系统所装设的 PST 1200U 变压器保护装置为基础,与前面的实验测试环境类似,保护装置改为 PST 1200U,其基本原理结构如第 3 章中的图 3.3 所示。

根据第 3 章所述模拟变电站的变压器保护一次主接线图,经简化后,其主接线如图 4.38 所示。

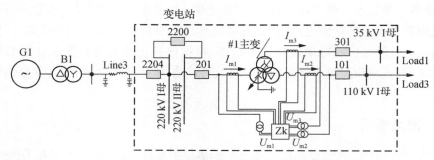

图 4.38　实验系统变压器保护模拟一次主接线图

在图 4.38 中,Zk 为所装设的 PST 1200U 变压器保护装置,其电压与电流输入量均来自#1 主变高、中、低压侧母线与各侧断路器之间所装设的电压互感器 EPT 与电流互感器 ECT 的测量量,即基于 IEC 61850 标准的 SMV 信号量。

根据本书第 2 章所述的电力系统继电保护原理相关理论,及第 3 章 PST 1200U 变压器保护装置原理,可知 PST 1200U 变压器差动保护主要由各侧电流之和的差动元件构成。其差动特性包括稳态差动比率特性和故障量差动制动特性,稳态差动比率特性如图 4.39 所示。

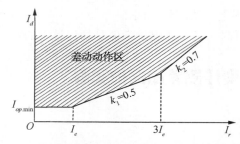

图 4.39　PST 1200U 稳态比率差动制动曲线

本次实验只针对稳态比率差动制动特性曲线进行测试。实验时,模拟变压器区内及区外不同点上的故障,利用保护测试仪或试验测试装置,搜索变压器差动保护稳态比率制动曲线的边界,绘制保护装置实际差动制动特性曲线,与理论稳态比率差动制动特性曲线进行比较,验证保护装置差动动作原理的正确性。

4.5.3　实验内容及步骤

本实验的主要内容是针对变压器差动保护,通过保护测试装置及实验操作,搜索保护装置稳态比率差动动作边界,得到保护装置实际稳态比率差动制动特性曲线图;然后,根据所学知识,以及保护装置定值,绘制保护装置稳态比率差动制动理论特性曲线图,比较两者的异同和误差,分析不同故障参数及保护装置定值参数的设置对保护装置差动保护行为的影响,理解和掌握电力变压器差动保护的工作原理。

4.5.3.1　实验内容

本次实验针对变压器稳态比率差动保护的启动电流、比率制动系数、速断电流及 2 次谐

波制动系数等参数的测定进行实验,主要实验项目如下:

1)PST 1200U 变压器稳态比率差动保护启动电流的测定

该实验项目搜索并测试 PST 1200U 变压器稳态比率差动保护的启动电流值,并校验差动启动电流定值的正确性。

2)PST 1200U 变压器稳态比率差动保护比率制动系数的测定

该实验项目搜索并分别测试 PST 1200U 变压器稳态比率差动保护制动边界第一及第二段折线上两点(共四个点),计算两个比率差动制动系数,并校验差动比率制动系数定值的正确性。

3)PST 1200U 变压器稳态比率差动保护速断电流及 2 次谐波制动系数的测定

该实验项目搜索并测试 PST 1200U 变压器稳态比率差动保护的速断电流值及 2 次谐波制动系数,并校验差动速断电流及 2 次谐波制动系数定值的正确性。

4)PST 1200U 变压器稳态比率差动保护制动特性曲线的绘制与分析

根据上述 1 至 3 步的测试结果,绘制 PST 1200U 变压器稳态比率差动保护的实际制动特性曲线,再由保护装置定值及第 2 章中所述的原理,绘制 PST 1200U 变压器保护装置稳态比率差动制动理论特性曲线图,比较两者的异同和误差,分析故障参数及保护装置定值参数的设定对保护装置差动保护行为的影响,理解和掌握电力变压器差动保护的工作原理。

4.5.3.2 实验步骤

实验操作基本步骤如下:

1)继电保护装置定值的整定

根据 PST 1200U 变压器保护装置原理,要进行继电保护装置的实验与保护动作验证,同样必须根据需要对装置保护定值进行整定,可以通过智能变电站综合自动化实验系统的监控主站 PS 6000+ 自动化监控系统软件平台进行保护装置定值的查看与修改,具体见实验一。PST 1200U 变压器保护装置保护定值的具体详情参见表 3.9 和表 3.10。

2)实验保护测试仪或测试装置的参数设置

智能变电站综合自动化实验系统采用继电保护测试仪或测试装置作为测试设备。根据实验需求,通过继电保护测试仪生成变电站自动化系统所需要的电压、电流信号(即基于 IEC 61850 标准 SMV 或 GOOSE 报文),并通过光纤接入智能变电站综合自动化实验系统的"SMV、GOOSE 网络交换机",用于模拟变电站中的合并单元。测试仪的运行与测试是通过网线与测试仪连接的后台 PC 主机上位机软件进行的,具体连接结构原理如图 3.3 所示。

实验系统中使用了两台继电保护测试仪或测试装置,分别为 #1 和 #2 号测试仪。其中,#1 测试仪用于生成与实验关系不大的合并单元信号,#2 测试仪用于生成实验所需信号,并进行实验。实验中的主要操作是通过运行于测试仪后台 PC 中的上位机控制软件进行的。

在测试仪后台 PC 桌面上的图标"PowerTest"为保护测试仪上位机控制软件程序图标,使用鼠标双击该图标启动保护测试仪上位机测试软件,界面同实验一。

根据实验需要,对于变压器差动保护实验,点击测试仪上位机软件主界面中的【专项测试】【差动】列表,然后点击【确定】按钮,进入"差动保护"测试程序,其界面如图 4.40 所示。

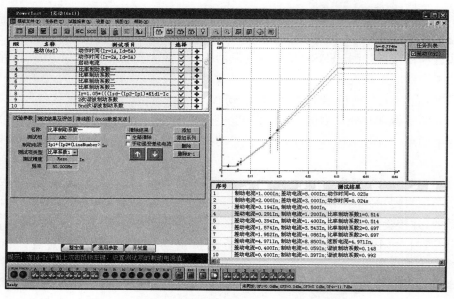

图 4.40 PST 1200U 保护测试装置上位机软件界面图

为了简化实验操作,保护测试仪上位机软件参数已经预设好,并以测试模板文件的形式存储在电脑中。对于本实验项目,只需要点击程序【主菜单】中的【模板文件】【打开】菜单,在弹出的文件对话框中,选择"PST 1200U 差动保护测试. TPL"文件即可。

由图 4.40 可见,差动保护测试分为多个测试子项目,分别为动作时间、启动电流、比率制动系数、速断电流、2 次谐波制动系数等测试项,具体参数在程序界面左中部的"试验参数"选项卡中进行设置。

对于测试仪中的"保护定值"应该按照试验对象(PST 1200U 变压器保护装置)的定值进行设置,可以通过点击程序界面左下部的【整定值】按钮进行设置,本实验的相关参数已根据保护装置的定值预设好,如果保护装置定值改变,则需要在保护测试仪【整定值】部分进行相应的修改。

名称	整定值	变量名
定值整定方式	标幺值	Axis
基准电流选择	高侧二次额定电流	InSel
基准电流(其它)	2.624A	Inom
差动速断电流定值	5.000In或A	Isd
差动动作电流门槛值	0.200In或A	Icdqd
比率制动特性拐点数	两个拐点	LineNumber
比率制动特性拐点1电流	1.000In或A	Ip1
比率制动特性拐点2电流	3.000In或A	Ip2
启动电流斜率	0.000	Kid0
基波比率制动特性斜率1	0.500	Kid1
基波比率制动特性斜率2	0.700	Kid2
速断电流斜率	0.000	Kid3
二次谐波制动系数	0.150	Kxb
五次谐波制动系数	1.000	Kxb5

编辑
添加
删除
定值导入
定值导出
读取定值

确认　取消(Exit键)

图 4.41 保护测试装置差动保护整定值设置界面图

上图粗线方框中的参数需要与保护装置对应(见表3.14的第00项至第02项,因PST 1200U没有五次谐波制动,所以,五次谐波制动系数为1.0);另外,差动动作电流门槛值、比率制动特性拐点电流值、基波比率制动特性斜率、启动电流斜率、速断电流斜率等数值可参阅本书第3章第2部分有关PST 1200U变压器保护装置原理部分的说明进行确定。

在测试程序左下部【整定值】按钮右边的【通用参数】按钮用于设置其他测试参数,其中主要是测试变压器的参数,请根据实际保护装置的参数进行修改,如图4.42所示。

名称	整定值	变量名
准备时间	0.500秒	PreTime
故障前时间	2.000秒	PreFaultTime
故障时间	0.500秒	FaultTime
各侧平衡系数	自动计算	Kcal
变压器额定容量	120.000MVA	SN
高压侧额定电压	220.00kV	Uh
中压侧额定电压	121.00kV	Um
低压侧额定电压	35.00KV	Ul
高压侧CT一次值	600A	CTPh
中压侧CT一次值	1200A	CTPm
低压侧CT一次值	2000A	CTPl
高压侧CT二次值	5A	CTSh
中压侧CT二次值	5A	CTSm
低压侧CT二次值	5A	CTSl
高压侧差动平衡系数	1.000	Kph
中压侧差动平衡系数	1.100	Kpm
低压侧差动平衡系数	0.530	Kpl
高压侧绕组接线型式	Y	WindH
中压侧绕组接线型式	Y	WindM
低压侧绕组接线型式	△	WindL
校正选择	Y侧校正	AngleMode
测试绕组	高-中	WindSide
测试绕组之间角差(钟点数)	12点	ConnMode

编辑　添加　删除

确认　取消(Exit键)

图4.42　保护测试仪通用参数设置界面图

在图4.42中,检查粗线方框中的参数是否与保护装置参数定值表中的对应参数一致(表3.12中的第02至第13项,第18、19项)。

实验所需SMV及GOOSE信号参数已预设好,无需更改。

3)继电保护装置及断路器模拟装置状态检查

保护测试仪测试环境及参数设置完成后,需要检查继电保护装置的状态,按压PST 1200U变压器保护装置面板右侧的"复位"按钮,以清除原警告信息及警告指示灯,并查看LCD液晶触摸显示屏中的保护装置信息。

参数设置完成后,需要确保测试仪与测试后台软件的连接正确。

PST 1200U变压器保护装置的出口所连接的是PSS 01B断路器模拟装置(♯2模拟断路器);在模拟故障发生前,断路器需要处于合闸状态,按压♯2断路器模拟装置面板上【手动合闸】按钮,操作断路器合闸,断路器合位红色指示灯亮起,断路器模拟装置也可以远程操作合闸。

4)故障实验测试操作

设备状态检查完成后,可以开始进行实验测试,点击保护测试仪上位机软件窗口中最下边的"运行状态与试验控制"栏中的【F2】按钮,启动试验。随后,连续进行实验测试,直至所有测试项目结束为止。此时,在测试软件窗口的【测试结果】部分可以看到具体的测试结果,如图4.43所示。

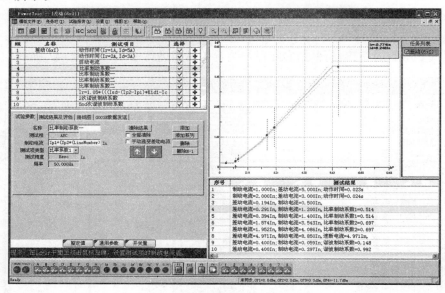

图 4.43　实验测试结果界面图

同时,在保护装置上也可以看到保护装置的运行状态。

查看保护装置的 LCD 显示屏所显示故障信息,监控后台也会有相应的保护动作信息列表。如果保护装置出口动作,则断路器模拟装置会发出跳闸音响提示,观察断路器模拟装置面板中断路器的分合闸位置的变化。

5）获取和记录实验数据

实验过程中,仔细观察实验现象及测试软件【测试结果】列表中的信息,记录测试结果数据及保护装置动作信息,可以通过保护测试仪的测试结果栏及 PST 1200U 变压器保护装置的 LCD 触摸屏界面查看并记录,并根据需要获取录波文件。

需要记录的数据信息如表4.9所示。

表 4.9　PST 1200U 变压器保护装置差动保护实验数据记录表

序号	继电保护测试仪或试验测试装置				PST 1200U 变压器继电保护装置			
	测试项目	制动电流	差动电流	测试结果	制动电流	差动电流	动作时间	
1	动作时间 1							
2	动作时间 2							
3	启动电流							
4	比率制动系数一(1)							
5	比率制动系数一(2)							
6	比率制动系数二(1)							
7	比率制动系数二(2)							
8	速断电流							
9	2 次谐波制动系数							

6）实验操作相关问题

根据本实验项目的要求，实验操作中需要注意相关定值参数设定等问题，主要操作如下：

（1）步骤1）中保护定值的修改

在实验开始前，保护定值需要根据表4.10进行检查和修改。

表 4.10　PST 1200U 装置变压器差动保护实验测试控制字设置表

保护控制字	实验测试项目
	所有差动保护测试项目
纵差差动速断	1—投入
纵差差动保护	1—投入
二次谐波制动	1—投入
其他所有后备保护	0—退出

另外，实验项目开始之前，需要检查保护控制屏上保护压板的投切状态，保证相关保护功能的投入。

（2）步骤2）中保护测试仪或测试装置的模板文件选择

本实验项目中，保护测试仪模板文件进行如下选择：

对于变压器差动保护，选择模板文件"PST 1200U 差动保护测试. TPL"。

4.5.4　实验结果分析

实验完成后，根据获取的数据，做如下分析：

（1）PST 1200U 变压器稳态比率差动保护启动电流实验数据分析

根据实验测试结果，确定 PST 1200U 变压器稳态比率差动保护的启动电流值，根据第2、第3章中所述原理及相关公式，与理论计算值进行比较，分析误差，并校验差动启动电流定值的正确性。

（2）PST 1200U 变压器稳态比率差动保护比率制动系数实验数据分析

根据实验测试结果，计算并确定 PST 1200U 变压器两个稳态比率差动保护制动系数，根据第2、第3章中所述原理及 PST 1200U 定值单，计算理论比率差动制动系数，比较两者比率差动制动系数的差别，分析误差，并校验差动比率制动系数定值的正确性。

（3）PST 1200U 变压器稳态比率差动保护速断电流及2次谐波制动系数实验数据分析

根据实验测试结果，确定 PST 1200U 变压器稳态比率差动保护的速断电流值及2次谐波制动系数，根据第2、第3章中所述原理及 PST 1200U 定值单，计算理论稳态比率差动保护的速断电流值及2次谐波制动系数，比较两者的差别，并校验差动速断电流及2次谐波制动系数定值的正确性。

（4）PST 1200U 变压器稳态比率差动保护制动特性曲线的绘制与分析

根据上述1至3步的测试结果，绘制 PST 1200U 变压器稳态比率差动保护的实际制动特性曲线，再由保护装置定值及第3章中的原理，绘制 PST 1200U 变压器保护装置理论稳态比率差动制动特性曲线图,比较两者的异同和误差,校验稳态比率差动制动曲线的正确性,根据第 2、第 3 章中所述原理及相关公式,分析故障参数及保护装置定值参数对保护装置差动保护行为的影响,理解和掌握电力变压器差动保护的工作原理。

根据 PST 1200U 变压器差动保护定值,及第 2 章和第 3 章相关理论,PST 1200U 变压器保护装置理论稳态比率差动制动特性曲线图的绘制方法如下:

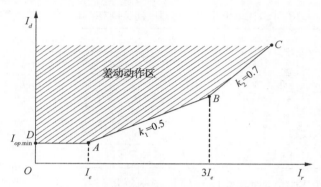

图 4.44　PST 1200U 稳态比率差动制动曲线图

根据本书第 2 章"PST 1200U 系列数字式变压器保护装置"中有关"差动保护"部分的理论阐述,由公式(2.118)至式(2.120)及第 3 章最后一节中有关定值参数,可以计算出变压器各侧二次额定电流 $I_{e.h}$、$I_{e.m}$ 及 $I_{e.l}$ 的值(归算至高压侧),进一步可以计算变压器各侧平衡系数 k_h、k_m 及 k_l 的值;由第 3 章表 3.14 中的"纵差保护启动电流定值"数据可以确定 $I_{op.min}=0.2I_N$,从而确定图 4.44 中的点 D 的坐标和线段 AD;再由式(2.128)中所述,"制动电流拐点 1" $I_{s1}=I_e$、"制动电流拐点 2" $I_{s2}=3I_e$ 及差动比率制动斜率 $k_1=0.5$ 和 $k_2=0.7$ 确定 A、B、C 点坐标。其中:I_N、I_e 均取变压器高压侧二次额定电流,C 点纵坐标为变压器定值参数表 3.14 中的"纵差差动速断电流定值"取值为 $5.0I_N$。由此,则可以绘制出变压器稳态比率差动制动特性曲线。需要注意的是:稳态比率差动制动特性曲线的横坐标(制动电流 I_r)与纵坐标(差动电流 I_d)可以采用额定电流 I_N 的倍数进行绘制。

4.5.5　实验报告

(1)实验过程中,观察并记录实验现象和实验数据。

(2)根据实验数据,计算并确定 PST 1200U 保护装置稳态比率差动保护的各项参数,分析保护装置稳态比率差动保护动作及定值的正确性。

(3)根据实验数据,依据保护动作情况、动作时间、保护定值,绘制 PST 1200U 变压器稳态比率差动保护的实际制动特性曲线,再由保护装置定值及第 3 章中的装置原理,绘制 PST 1200U 变压器保护装置理论稳态比率差动制动特性曲线图,比较两者的异同和误差,校验稳态比率差动制动曲线的正确性,理解和掌握电力变压器差动保护的工作原理。

4.5.6　拓展实验

在上述基本实验的基础上,针对以下项目进行拓展性实验:

1. 改变 PST 1200U 变压器保护整定值并对稳态比率差动保护启动电流、比率制动系数、速断电流及 2 次谐波制动系数重新进行测定

　　该实验项目要求实验者或指导教师选取变压器保护装置稳态比率差动保护整定值中的一个或多个进行修改,拟订新的实验方案,然后分别搜索并测试 PST 1200U 变压器稳态比率差动保护的启动电流值、制动边界第一及第二段折线上两点(共四个点)、速断电流值及 2 次谐波制动系数等参数,观察测试点的变化,计算两个比率差动制动系数,并校验各项参数定值的正确性。

　　2. PST 1200U 变压器稳态比率差动保护制动特性曲线的绘制与分析

　　根据上述测试结果,绘制新的 PST 1200U 变压器稳态比率差动保护的实际制动特性曲线,再由保护装置定值及第 3 章中所述的原理,绘制新的 PST 1200U 变压器保护装置稳态比率差动制动理论特性曲线图,比较两者的异同和误差,分析故障参数及保护装置定值参数的设定对保护装置差动保护行为的影响,进一步理解和掌握电力变压器差动保护的工作原理。

4.5.7　预习要求

　　1. 熟悉 PST 1200U 变压器保护装置差动保护原理,仔细阅读本书相关理论部分;
　　2. 熟悉实验过程中所使用的实验设备试验方法,理解实验原理及有关操作步骤;
　　3. 熟悉实验系统测试项目的详情及其实验测试目的。

4.5.8　实验研讨与思考题

　　1. 为什么在进行差动保护实验时,要退出变压器的后备保护功能?
　　2. 变压器差动保护定值是如何影响稳态差动比率制动曲线的? 试分析稳态差动比率制动保护的定值整定计算方法。

4.6　实验六　电力变压器后备保护实验

4.6.1　实验目的

　　1. 熟悉和掌握变电站实验系统变压器保护装置定值配置方法、模拟电网故障设置及继电保护测试仪的操作方法;
　　2. 通过电力变压器的短路故障实验,记录和观察故障电压、电流波形,理解和掌握电力变压器故障过程及变压器后备保护的原理;
　　3. 通过电力变压器故障电压、电流数据分析及保护装置动作行为的分析,理解和掌握短路故障类型及保护装置定值对变压器后备保护功能的影响,理解变压器后备保护与变压器主保护的关系。

4.6.2　实验原理

　　本实验仍然以变电站所装设的 PST 1200U 变压器保护装置为基础,与实验五的试验环

境类似,实验对象为 PST 1200U 变压器保护装置,其基本原理结构如第 3 章中图 3.3 所示。

根据第 3 章所述的模拟变电站的变压器保护一次主接线图,经简化后,其主接线与实验五的主接线图 4.38 一致。

在图 4.38 中,Zk 为所装设的 PST 1200U 变压器保护装置,其电压与电流输入量均来自♯1 主变高、中、低压侧母线与各侧出口断路器之间所装设的电压互感器 EPT 与电流互感器 ECT 的测量量,即基于 IEC 61850 标准的 SMV 信号量。

根据本书第 2 章所述电力系统继电保护原理相关理论,及第 3 章 PST 1200U 变压器保护装置原理,可知,PST 1200U 变压器后备保护主要由相间阻抗、接地阻抗、复合电压闭锁过流、零序方向过流及反时限零序过流等保护功能构成。

本次实验只针对复合电压闭锁过流保护特性进行试验,实验时,模拟变压器保护区内及区外不同点上的故障,利用保护测试仪,测试变压器后备保护中的复合电压闭锁过流保护特性,测定保护装置的复合电压闭锁过流保护实际相间低电压动作值、负序电压动作值、过电流动作值及动作时间等参数,与理论复合电压闭锁过流保护定值参数进行比较,验证保护装置复合电压闭锁过流保护动作原理的正确性。

4.6.3 实验内容及步骤

本实验的主要内容是在实验五的基础上,针对变压器后备保护,通过实验操作及保护测试仪,测试变压器后备保护中的复合电压闭锁过流保护特性,得到保护装置复合电压闭锁过流保护特性的实际相间低电压动作值、负序电压动作值、过电流动作值及动作时间等参数。然后,根据所学知识,以及保护装置定值,与复合电压闭锁过流保护特性的理论值进行比较,分析不同故障参数及保护装置定值参数的设置对保护装置复合电压闭锁过流保护行为的影响,理解和掌握电力变压器后备保护的工作原理。

4.6.3.1 实验内容

本次实验针对变压器复合电压闭锁过流保护的相间低电压动作值、负序电压动作值、过电流动作值及动作时间等参数的测定进行实验,主要实验项目如下:

1) PST 1200U 变压器复合电压闭锁过流保护相间低电压动作值的测定

该实验项目搜索并测试 PST 1200U 变压器复合电压闭锁过流保护的相间低电压动作值,并校验复合电压闭锁过流保护相间低电压动作值的正确性。

2) PST 1200U 变压器复合电压闭锁过流保护负序电压动作值的测定

该实验项目搜索并测试 PST 1200U 变压器复合电压闭锁过流保护的负序电压动作值,并校验复合电压闭锁过流保护负序电压动作值的正确性。

3) PST 1200U 变压器复合电压闭锁过流保护过流动作值的测定

该实验项目搜索并测试 PST 1200U 变压器复合电压闭锁过流保护的过流动作值,并校验复合电压闭锁过流保护过流动作值的正确性。

4) PST 1200U 变压器复合电压闭锁过流保护动作时间的测定

该实验项目搜索并测试 PST 1200U 变压器复合电压闭锁过流保护的动作时间,并校验复合电压闭锁过流保护动作时间的正确性。

4.6.3.2 实验步骤

实验操作基本步骤如下：

1）继电保护装置定值的整定

根据 PST 1200U 变压器保护装置原理，要进行继电保护装置的实验与保护动作验证，同样必须根据需要对装置保护定值进行整定，可以通过智能变电站综合自动化实验系统的监控主站 PS 6000＋自动化监控系统软件平台进行保护装置定值的查看与修改，具体见实验一；PST 1200U 变压器保护装置保护定值的具体详情参见表 3.12 至表 3.20。

在实验之前，为避免变压器其他保护功能的影响，PST 1200U 变压器保护装置控制字需要按照表 4.11 所示进行设定。

表 4.11　PST 1200U 装置后备保护实验测试控制字设置表

保护控制字	实验测试项目
	所有复压闭锁过流保护测试项目
纵差差动速断	0—退出
纵差差动保护	0—退出
二次谐波制动	0—退出
复压过流 I 段指向母线（高后备）	1—指向变压器
复压闭锁过流 I 段 1 时限（高后备）	1—投入
其他后备保护	0—退出

2）实验保护测试仪或测试装置的参数设置

本实验仍然采用继电保护测试仪或试验测试装置作为实验测试设备。根据实验需求，通过继电保护测试仪或试验测试装置生成变电站自动化系统所需要电压、电流信号（即基于 IEC 61850 标准 SMV 或 GOOSE 报文），并通过光纤接入智能变电站综合自动化实验系统的"SMV、GOOSE 网络交换机"，模拟变电站中的合并单元。测试仪的运行与测试是通过网线与测试仪连接的后台 PC 主机上位机控制软件进行的，其连接原理结构如图 3.3 所示。

实验系统中同样使用了两台继电保护测试仪或试验测试装置，分别为♯1 和♯2 号测试仪。其中，♯2 测试仪用于生成实验所需信号，并进行实验。实验中的主要操作是通过运行于测试仪后台 PC 中的上位机控制软件进行的。

在测试仪后台 PC 桌面上的图标"PowerTest"为保护测试仪上位机控制软件程序图标。使用鼠标双击该图标启动保护测试仪上位机测试软件，界面同实验一。

根据实验需要，对于变压器复合电压闭锁过流保护实验，点击测试仪上位机软件主界面中的【专项测试】【复压闭锁（方向）过流】列表，然后点击【确定】按钮，进入"复压闭锁（方向）过流"测试程序界面，如图 4.45 所示。

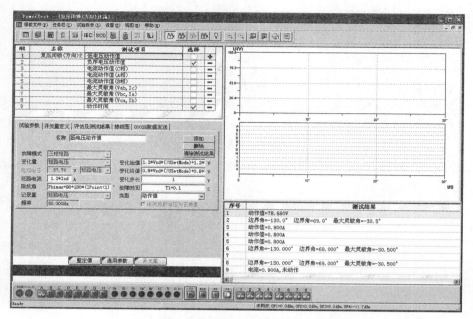

图 4.45　保护测试仪上位机软件界面图

为了简化实验操作,保护测试仪上位机软件参数已经预设好,并以测试模板文件的形式存储在电脑中。对于本实验项目,只需要点击程序【主菜单】中的【模板文件】【打开】菜单,弹出文件对话框,选择"PST 1200U 复压闭锁过流保护测试. TPL"文件即可。

由图 4.45 可见,复合电压闭锁过流保护测试分为多个测试子项目,分别为低电压动作值、负序电压动作值、电流动作值(A 相、B 相、C 相)、最大灵敏角及动作时间等测试,具体参数在程序界面左中部的"试验参数"选项卡中进行设置。

对于测试仪中的"保护定值"应该按照试验对象(PST 1200U 变压器保护装置高后备)的定值进行设置,这可以通过点击程序界面左下部的【整定值】按钮进行设置,本实验的相关参数已根据保护装置的定值预设好,如果保护装置定值改变,则需要在保护测试仪【整定值】部分进行相应的修改,具体如图 4.46 所示。

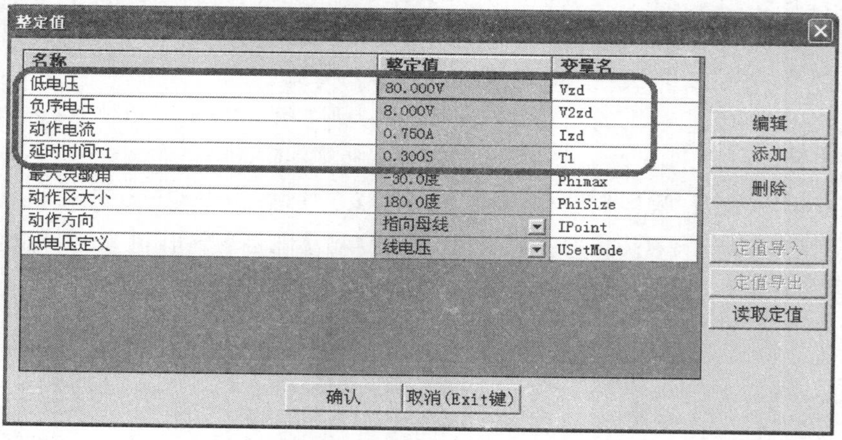

图 4.46　保护测试仪整定值设置界面图

在图 4.46 中,检查粗线方框中的参数需要与保护装置对应参数一致(表3.15 中的第 00 项至第 03 项)。其中,动作电流和延时时间按照第 3 章表 3.15 中的"复压闭锁过流Ⅰ段定值"和"复压闭锁过流Ⅰ段 1 时限"(高后备)的整定值进行设定。

在测试程序左下部【整定值】按钮右边的【通用参数】按钮用于设置其他测试参数,其中主要是测试变压器的参数,这些参数的设定与实验五一致,详见实验五中的图 4.42 所示。

实验所需 SMV 及 GOOSE 信号参数已预设好,无需更改。

3) 继电保护装置及断路器模拟装置状态检查

保护测试仪测试环境及参数设置完成后,需要检查继电保护装置的状态,按压 PST 1200U 变压器保护装置模板右侧的"复位",以清除原警告信息及警告指示灯,并查看 LCD 液晶触摸显示屏中的保护装置信息。

参数设置完成后,需要确保测试仪与测试后台软件的连接正确。

PST 1200U 变压器保护装置的出口所连接的是 PSS 01B 断路器模拟装置(#2 模拟断路器);在模拟故障发生前,断路器需要处于合闸状态,按压 #2 断路器模拟装置面板上【手动合闸】按钮,操作断路器合闸,断路器合位红色指示灯亮起,断路器模拟装置也可以远方操作合闸。

4) 实验测试操作

设备状态检查完成后,可以开始进行实验测试。点击保护测试仪上位机软件窗口中最下边的"运行状态与试验控制"栏中的【F2】按钮,启动试验;随后,连续进行实验测试,直至所有测试项目结束为止。此时,在测试软件窗口的【测试结果】部分可以看到具体的测试结果。

同时,在保护装置的 LCD 触摸屏上也可以看到保护装置的运行状态。

查看保护装置的 LCD 显示屏所显示故障信息,监控后台也会有相应的保护动作信息列表。如果保护出口动作,则断路器模拟装置会发出跳闸音响提示,观察断路器模拟装置面板中断路器的分合闸位置的变化。

5) 获取和记录实验数据

实验过程中,仔细观察实验现象及测试软件【测试结果】列表中的信息,记录测试结果数据及保护装置动作信息,这可以通过保护测试仪的测试结果栏及 PST 1200U 变压器保护装置的 LCD 触摸屏界面查看并记录。

需要记录的数据信息如表 4.12 所示。

表 4.12　PST 1200U 变压器保护装置复合电压闭锁过流保护实验数据记录表

序号	继电保护测试仪或试验测试装置		PST 1200U 变压器继电保护装置
	测试项目	测试结果	动作信息
1	低电压动作值		
2	负序电压动作值		
3	电流动作值(C 相)		
4	电流动作值(A 相)		
5	电流动作值(B 相)		
6	动作时间		

4.6.4　实验结果分析

实验完成后,根据获取的数据,做如下分析:

(1) PST 1200U 变压器复合电压闭锁过流保护低电压动作值实验数据分析

根据实验测试结果,确定 PST 1200U 变压器复合电压闭锁过流保护低电压动作值,根据第 2、第 3 章中所述原理及相关公式,与理论计算值进行比较,分析测试结果的误差,并校验低电压动作值的正确性。

(2) PST 1200U 变压器复合电压闭锁过流保护负序电压动作值实验数据分析

根据实验测试结果,确定 PST 1200U 变压器复合电压闭锁过流保护负序电压动作值,根据第 2、第 3 章中所述原理及相关公式,与理论计算值进行比较,分析测试结果的误差,并校验负序电压动作值的正确性。

(3) PST 1200U 变压器复合电压闭锁过流保护电流过流动作值实验数据分析

根据实验测试结果,确定 PST 1200U 变压器复合电压闭锁过流保护电流过流动作值,根据第 2、第 3 章中所述原理和相关公式及 PST 1200U 定值单,与理论值进行比较,分析测试结果的误差,并校验电流过流动作值的正确性。

(4) PST 1200U 变压器复合电压闭锁过流保护动作时间实验数据分析

根据实验测试结果,确定 PST 1200U 变压器复合电压闭锁过流保护动作时间,根据第 2、第 3 章中所述原理和相关公式及 PST 1200U 定值单,与理论值进行比较,分析测试结果的误差,并校验保护动作时间的正确性。

4.6.5　实验报告

(1) 实验过程中,观察并记录实验数据。

(2) 根据实验数据,计算并确定 PST 1200U 保护装置复合电压闭锁过流保护的各项参数,分析保护装置复合电压闭锁过流保护动作及定值的正确性。

(3) 根据实验数据,依据保护动作情况、动作时间及保护定值,记录保护装置的复合电压闭锁过流保护实际相间低电压动作值、负序电压动作值、过电流动作值及动作时间,与理论复合电压闭锁过流保护定值参数进行比较,比较两者的误差,校验保护装置复合电压闭锁过流保护动作原理的正确性,理解和掌握电力变压器复合电压闭锁过流保护的工作原理。

4.6.6　拓展实验

在上述基本实验的基础上,针对以下项目进行拓展性实验:

1. 改变 PST 1200U 变压器复合电压闭锁过流保护整定值并对相间低电压动作值、负序电压动作值及过流动作值进行重新测定

该实验项目要求实验者或指导教师选取变压器保护装置复合电压闭锁过流保护整定值中的一个或多个进行修改,拟订新的实验方案,然后分别搜索并测试 PST 1200U 变压器复合电压闭锁过流保护的相间低电压动作值、负序电压动作值及过流动作值,观察测试点的变化,并校验复合电压闭锁过流保护各项动作值的正确性。

2. 改变 PST 1200U 变压器复合电压闭锁过流保护动作时间整定值并重新测定

该实验项目要求实验者或指导教师选取变压器保护装置复合电压闭锁过流保护动作时间整定值进行修改,拟订新的实验方案,然后重新搜索并测试 PST 1200U 变压器复合电压闭锁过流保护的动作时间,并校验复合电压闭锁过流保护动作时间的正确性。

4.6.7　预习要求

1. 熟悉 PST 1200U 变压器保护装置复合电压闭锁过流保护原理,仔细阅读本实验教程相关理论部分;
2. 熟悉实验过程中所使用的实验设备试验方法,理解实验原理及有关操作步骤;
3. 熟悉实验系统测试项目的详情及其实验测试目的。

4.6.8　实验研讨与思考题

1. 为什么在进行复合电压闭锁过流保护实验时,要退出变压器的差动保护功能?
2. 变压器复合电压闭锁过流保护定值是如何影响变压器后备保护功能的? 试分析复合电压闭锁过流保护的定值整定计算方法。

4.7　实验七　电力系统低周低压自动减载实验

4.7.1　实验目的

1. 熟悉和掌握变电站实验系统频率电压紧急控制装置定值配置方法、模拟电网低压低周及继电保护测试装置的操作方法;
2. 通过频率电压紧急控制装置的测试实验,记录和观察测试电压、电流波形及实验数据,理解和掌握频率电压紧急控制装置控制过程的工作原理;
3. 通过频率电压紧急控制装置低周低压的电压、电流数据及装置动作行为的分析,理解和掌握控制方式及装置定值对频率电压紧急控制装置功能的影响。

4.7.2　实验原理

本实验以智能变电站综合自动化实验系统所装设的 SSE 520U 频率电压紧急控制装置为基础,与前面实验的试验环境类似,实验对象为 SSE 520U 频率电压紧急控制自动装置,其基本实验原理结构如第 3 章中图 3.3 所示。

根据第 3 章所述模拟变电站的主接线图,经简化后,其实验主接线如图 4.47 所示。

在图 4.47 中,Zk 为所装设的 SSE 520U 频率电压紧急控制装置,其电压输入量来自 220 kV 母线与各侧断路器之间所装设的电压互感器 EPT 的测量量(图中的 $U_{m.I}$ 和 $U_{m.II}$ 分别为来自 220 kV 母线 I 和 II 或者单独装设的电压互感器电压),即基于 IEC 61850 标准的 SMV 信号量;SSE 520U 频率电压紧急控制装置的第 1、2 轮次动作出口为模拟断路器。

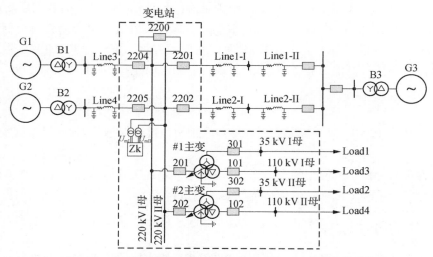

图 4.47　变电站低压低周自动减载实验模拟一次主接线图

根据本书第 2 章所述电力系统继电保护原理相关理论，及第 3 章 SSE 520U 频率电压紧急控制装置工作原理，可知，SSE 520U 频率电压紧急控制装置主要由低频减载、低压减载等功能构成。

本次实验针对低频减载、低压减载特性进行试验；实验时，模拟 220 kV 母线电压、系统频率等参数的异常变化，利用试验测试装置，测试 SSE 520U 频率电压紧急控制装置的低频减载、低压减载特性，测定装置的频率闭锁值、电压闭锁值、各轮次低压、低频动作值和动作时间，与装置定值参数进行比较，验证装置低压减载、低频减载动作原理的正确性。

4.7.3　实验内容及步骤

本实验的主要内容是频率电压紧急控制装置低压、低频减载特性的测试，通过试验测试装置的实验操作，测试低压、低周自动减载装置中的动作特性，得到自动装置低压，低周动作特性的实际滑差频率闭锁值，电压闭锁值，第 1、2 轮次低压，低频动作值与动作时间等参数；然后，根据所学知识，以及装置定值，与装置低压减载、低频减载特性的理论值进行比较，分析不同运行参数及装置定值参数的设置对自动减载装置动作行为的影响，理解和掌握自动减载装置的工作原理。

4.7.3.1　实验内容

本实验针对频率电压紧急控制装置的滑差频率闭锁值，低频减载低压闭锁值，滑差电压定值，第 1、2 轮次低压，低频动作值和动作时间等参数的测定进行实验，主要实验项目如下：

1）SSE 520U 频率电压紧急控制装置滑差频率闭锁值、低频减载低压闭锁值、滑差电压定值的测定

该实验项目搜索并测试 SSE 520U 装置滑差频率闭锁值、低频减载低压闭锁值、滑差电压等参数，并校验滑差频率闭锁值、低频减载低压闭锁值、滑差电压定值的正确性。

2）SSE 520U 频率电压紧急控制装置低频减载第 1、2 轮次动作值的测定

该实验项目搜索并测试 SSE 520U 装置低频减载第 1、2 轮次动作值及动作时间参数，并校验低频减载动作值及动作时间等定值的正确性。

3）SSE 520U 频率电压紧急控制装置低压减载第 1、2 轮次动作值的测定

该实验项目搜索并测试 SSE 520U 装置低压减载第 1、2 轮次动作值及动作时间参数，并校验低压减载动作值及动作时间等定值的正确性。

4.7.3.2 实验步骤

实验操作基本步骤如下：

1）自动装置定值的整定

根据 SSE 520U 频率电压紧急控制装置原理，要进行自动装置的实验与自动减载动作验证，同样必须根据需要对装置定值进行整定，这可以通过变电站综合自动化系统的监控主站 PS 6000＋自动化监控系统软件平台进行继电保护与自动装置定值的查看与修改，具体见实验一；SSE 520U 频率电压紧急控制装置定值的具体详情参见表 3.23 至表 3.27。

在实验进行之前，根据各个实验子项目的要求，需要将 SSE 520U 频率电压紧急控制装置的相关控制字进行设置，具体控制字的设置按照表 4.13 设定。

表 4.13　SSE 520U 装置控制字表

保护控制字	实验测试项目			
	低频 1 轮	低频 2 轮	低压 1 轮	低压 2 轮
低频第 1 轮	1—投入	0—退出	0—退出	0—退出
低频第 2 轮	0—退出	1—投入	0—退出	0—退出
低压第 1 轮	0—退出	0—退出	1—投入	0—退出
低压第 2 轮	0—退出	0—退出	0—退出	1—投入
其他控制字	0—退出	0—退出	0—退出	0—退出

2）实验保护测试仪或测试装置的参数设置

本实验仍然采用继电保护测试仪或试验测试装置作为试验测试设备，与前面的实验类似，通过试验测试装置生成测试所需要电压、电流信号（即基于 IEC 61850 标准 SMV 或 GOOSE 报文），并经光纤接入智能变电站综合自动化实验系统的“SMV、GOOSE 网络交换机”，测试仪的运行与测试是通过网线与测试仪连接的后台 PC 主机的上位机控制软件进行的，具体连接结构如图 3.3 所示。

实验系统中仍然使用 ♯2 测试仪用于生成实验所需信号，并进行实验；实验中的主要操作是通过运行于测试仪后台 PC 中的上位机控制软件进行的。

在测试仪后台 PC 桌面上的图标“PowerTest”为保护测试仪上位机控制软件程序图标；鼠标双击该图标启动保护测试仪上位机测试软件，界面同实验一。

根据实验需要，对于自动减载实验，点击测试仪上位机软件主界面中的【专项测试】【低压减载】或【低频减载】列表，然后点击【确定】按钮，进入低压减载或低频减载测试程序，对于“低周减载”实验，界面如图 4.48 所示。

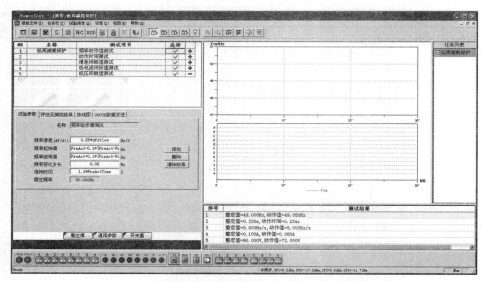

图 4.48　保护测试仪低周减载上位机软件界面图

为了简化实验操作,保护测试仪上位机软件参数已经预设好,并以测试模板文件的形式存储在电脑中。对于本实验项目,只需要点击程序【主菜单】中的【模板文件】【打开】菜单,对于"低周减载"实验子项目,在弹出的文件对话框中,选择"SSE 520U 频率电压紧急控制低频减载测试. TPL"文件即可;对于"低压减载"实验项目,选择"SSE 520U 频率电压紧急控制低压减载测试. TPL"文件即可。

由图 4.48 可见,测试分为多个测试子项目,对于低频减载测试来说,分别为频率动作值、动作时间、滑差闭锁值、低压闭锁值等测试项目,具体参数在程序界面左中部的"试验参数"选项卡中进行设置。

对于测试仪中的"保护定值"应该按照试验对象(SSE 520U 频率电压紧急控制装置)的定值进行设置,同样通过点击程序界面左下部的【整定值】按钮进行设置,本实验的相关参数已根据装置的定值预设好,如果装置定值改变,则需要在保护测试仪【整定值】部分进行相应的修改,如图 4.49 所示。

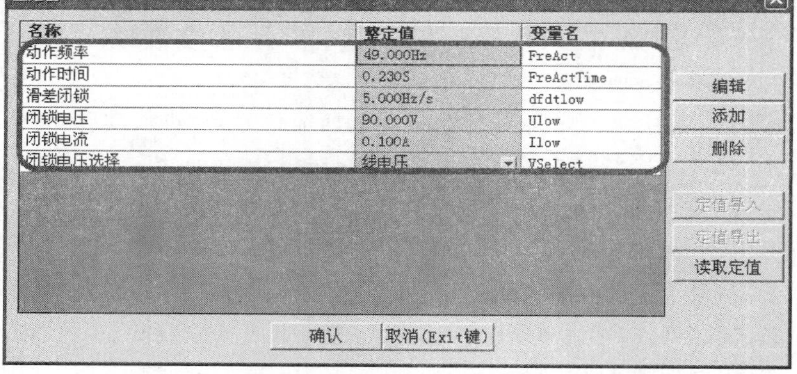

图 4.49　保护测试仪低周减载实验整定值设置界面图

在图 4.49 中,检查粗线方框中参数是否与保护装置定值表中对应参数一致。以低频减载第 1 轮测试为例,其中,动作频率、延时时间、滑差闭锁、闭锁电压等参数按照第 3 章表 3.24 中的"低频第 1 轮定值"(第 00 项)、"低频第 1 轮延时"(第 11 项)、"低频滑差闭锁定值"(第 10 项)及"低压解除闭锁定值"(第 42 项),此值在定值表中为额定电压/秒的倍数,需要转换为二次额定电压/秒)的整定值进行设置。

对于"低压减载"实验子项目,上位机软件界面如图 4.50 所示。

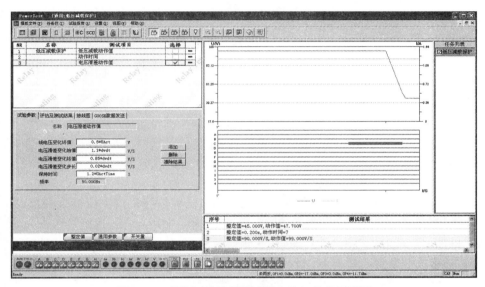

图 4.50　保护测试仪低压减载上位机软件界面图

由图 4.50 可见,测试也分为多个测试子项目,对于低压减载测试来说,分别为低压减载动作值、动作时间、电压滑差动作值等测试项目,具体参数在程序界面左中部的"试验参数"选项卡中进行设置。

与"低周减载"实验项目一样,对于"低压减载"实验,测试仪中的"整定值"应该按照试验对象(SSE 520U 频率电压紧急控制装置)中低压减载相关的定值进行设置,设置过程与"低周减载"相同,本实验的相关参数已根据自动装置的定值预设好,如果装置定值改变,则需要在保护测试仪【整定值】部分进行相应的修改,如图 4.51 所示。

图 4.51　保护测试仪低压减载实验整定值设置界面图

在图 4.51 中,检查粗线方框中参数是否与被测装置定值表中对应参数一致。对于低压减载第 1 轮测试,其中,低压动作值、动作时间、电压变化率闭锁值等参数按照第 3 章表 3.24 中的"低压第 1 轮定值"(第 21 项,此值在定值表中为额定电压的倍数,需要转换为二次额定电压值)、"低压第 1 轮延时"(第 32 项)、及"低压滑差闭锁定值"(第 31 项,此值在定值表中为额定电压/秒的倍数,需要转换为二次额定电压/秒)的整定值进行设置。

在测试程序左下部【整定值】按钮右边的【通用参数】按钮用于设置其他测试参数,其中主要是测试方式的有关参数,请根据需要进行修改。

实验所需 SMV 及 GOOSE 信号参数已预设好,无需更改。

3)自动装置及断路器模拟装置状态检查

保护测试仪测试环境及参数设置完成后,需要检查被测装置的状态,按压 SSE 520U 装置面板右侧的"复位"按钮,以清除原警告信息及警告指示灯,并查看 LCD 液晶触摸显示屏中的装置信息。

参数设置完成后,需要确保测试仪与测试后台软件的连接正确。

SSE 520U 装置的出口如果连接了 PSS 01B 断路器模拟装置,与前面实验一样,在模拟试验进行前,断路器需要处于合闸状态。

4)实验测试操作

设备状态检查完成后,可以开始进行实验测试;点击保护测试仪上位机软件窗口中最下边的"运行状态与试验控制"栏中的【F2】按钮,启动试验。随后,进行连续实验测试,直至所有测试项目结束。此时,在测试软件窗口的【测试结果】部分可以看到具体的测试结果。

同时,在被测装置上也可以看到装置的运行状态。

查看装置的 LCD 显示屏所显示故障信息,监控后台也会有相应的动作信息列表。如果出口动作,则断路器模拟装置会发出跳闸音响提示,观察断路器模拟装置面板中断路器的分合闸位置的变化。

5)获取和记录实验数据

实验过程中,仔细观察实验现象及测试软件测试结果列表中的信息,记录测试结果数据及自动减载装置动作信息,这可以通过保护测试仪的测试结果栏及 SSE 520U 装置的 LCD 触摸屏界面查看并记录。

需要记录的数据信息如表 4.14 所示。

表 4.14　SSE 520U 装置自动减载实验数据记录表

序号	继电保护测试仪或试验测试装置			SSE 520U 频率电压紧急控制装置
	测试项目		第 1 轮测试结果	第 2 轮测试结果	动作信息
1	低周减载	频率动作值			
2		动作时间值			
3		滑差闭锁值			
4		低压闭锁值			
5	低压减载	低压减载动作值			
6		动作时间			
7		电压滑差动作值			

4.7.4　实验结果分析

实验完成后,根据获取的数据,做如下分析:

(1) SSE 520U 频率电压紧急控制装置滑差频率闭锁值、低频减载低压闭锁值、滑差电压定值实验数据分析

根据实验测试结果,确定 SSE 520U 装置的滑差频率闭锁值、低频减载低压闭锁值、滑差电压定值,根据第2、第3章中所述原理及相关公式,与理论计算值进行比较,并分析和校验各个定值的正确性。

(2) SSE 520U 频率电压紧急控制装置低频减载第1、2轮动作值及动作时间的实验数据分析

根据实验测试结果,确定 SSE 520U 装置低频减载第1、2轮动作值及动作时间,根据第2、第3章中所述原理及相关公式,与理论计算值进行比较,并分析和校验各个定值的正确性。

(3) SSE 520U 频率电压紧急控制装置低压减载第1、2轮动作值及动作时间的实验数据分析

根据实验测试结果,确定 SSE 520U 装置低压减载第1、2轮动作值及动作时间,根据第2、第3章中所述原理及相关公式,与理论计算值进行比较,并分析和校验各个定值的正确性。

4.7.5　实验报告

(1) 实验过程中,观察并记录实验数据;

(2) 根据实验数据,计算并确定 SSE 520U 装置低频、低压减载的各项参数,分析装置低频、低压减载动作及定值的正确性;

(3) 根据实验数据,依据装置动作情况、动作时间、装置定值,确定装置的滑差频率闭锁值,低频减载低压闭锁值,滑差电压定值、第1、2轮次动作值及动作时间,与理论值参数进行比较,比较两者的误差,校验装置低频、低压自动减载原理的正确性,理解和掌握电力系统低周、低压自动减载的工作原理。

4.7.6　拓展实验

在上述基本实验的基础上,进行如下拓展性实验:

该实验项目要求实验者或指导教师选取频率电压紧急控制装置的至少2项保护整定值进行修改,拟订新的实验方案,然后针对频率电压紧急控制装置的滑差频率闭锁值,低频减载低压闭锁值,滑差电压定值,第1、2轮次低压,低频动作值和动作时间等参数整定值进行重新测定,并校验频率电压紧急控制装置各项动作值的正确性。

4.7.7　预习要求

1. 熟悉 SSE 520U 频率电压紧急控制装置自动减载工作原理,仔细阅读本实验教程相

关理论部分；

2. 熟悉实验过程中所使用的实验设备试验方法，理解实验原理及有关操作步骤；

3. 熟悉实验系统测试项目的详情及其实验测试目的。

4.7.8 实验研讨与思考题

1. 为什么在进行各轮次自动减载实验时，电压输入量的幅值或频率的持续时间至少要大于各轮次动作时间？

2. 试分析并总结自动减载的定值整定方法。

4.8 实验八 电力系统智能变电站综合故障实验

4.8.1 实验目的

1. 熟悉和掌握变电站实验系统运行、试验测试、模拟电网故障设置的操作方法；

2. 通过变电站综合故障实验，记录和观察变电站实验系统在不同故障点发生不同类型故障时的继电保护与自动装置的动作过程，理解和掌握相关继电保护与自动装置的工作原理；

3. 通过智能变电站综合故障实验，理解各种继电保护与自动装置的功能配置及参数定值对电力系统运行状态及设备的影响；

4. 通过智能变电站综合故障实验，熟悉不同故障点对变电站内各种保护装置功能的影响，根据继电保护装置工作原理及故障现象，掌握故障定位及保护装置动作正确性的分析方法，理解和掌握智能变电站继电保护与自动装置配置的一般方法；

5. 通过智能变电站电气倒闸操作实验，熟悉变电站电气倒闸操作基本步骤，根据电气倒闸操作原理，掌握电气五防规则确定的一般方法。

4.8.2 实验原理

本实验以智能变电站综合自动化系统所装设的各种继电保护和自动装置及整个实验系统软硬件为基础，通过在实验系统中的不同故障点设置不同类型的故障实验，观察和测试各种继电保护与自动装置的行为，其基本实验原理结构与第 3 章中图 3.3 类似，但实验测试设备及其后台上位机控制软件是不同的。

根据第 3 章所述模拟变电站的主接线图，经简化后，其实验主接线如图 4.52 所示。

在图 4.52 中，输电线路 Line1、输电线路 Line2、♯1 主变及♯2 主变均装设有输电线路、变压器保护装置、母线保护及其他自动装置，其电压与电流输入量均来自线路出口及变压器各侧所装设的电压互感器 EPT 与电流互感器 ECT 的测量量，即基于 IEC 61850 标准的 SMV 信号量。F_1 至 F_{14} 为模拟系统中可预设的故障点，用于模拟各种故障。

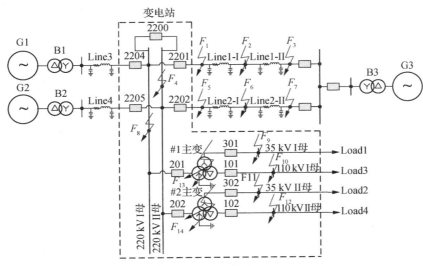

图 4.52 变电站综合故障实验模拟一次主接线图

根据本书第 2 章所述电力系统继电保护原理的相关理论,及第 3 章中各种继电保护与自动装置的工作原理可知,通过变电站内各种保护装置的参数配合,对于模拟实验系统中所发生的各种故障,系统中所装设的继电保护装置能够有效地、有选择地快速切除故障,从而实现保护与自动装置的各项功能。模拟实验系统中各个元件的主要参数见第 3 章表 3.1 至表 3.3。

本次实验针对模拟实验系统预设的各种故障进行试验。实验时,任意选择 F_1 至 F_{14} 可预设的故障点,设置各种类型的故障,利用专用试验测试装置产生模拟实验系统中的故障信号量(即基于 IEC 61850 标准的 SMV 信号量),观测整个模拟实验系统各种继电保护装置的动作情况,分析保护与自动装置动作的正确性,校验继电保护装置参数整定的合理性与正确性,理解继电保护与自动装置参数整定的配合原理,学会故障定位分析方法,进一步理解和掌握继电保护与自动装置动作原理,提高分析问题、解决问题的能力。

另外,针对变电站电气倒闸操作,通过实验系统主接线进行模拟倒闸实验,验证系统五防规则的正确性。

4.8.3 实验内容及步骤

本实验为综合性较强的实验,主要内容分为以下三个部分:

(1) 在已知故障点、故障类型、故障参数的情况下进行实验

实验者针对模拟系统可预设的 F_1 至 F_{14} 故障点进行故障点选择及故障参数设置,通过操作专用试验测试装置进行实验测试,观测和记录模拟系统中各种保护装置的动作情况;然后,根据所学知识及装置定值,分析保护装置的动作特性,判断保护装置参数整定与配合的合理性与正确性。

(2) 在未知故障点、故障类型、故障参数的情况下进行实验

实验指导者(指导教师)针对模拟实验系统中可预设的 F_1 至 F_{14} 故障点进行故障点选择

及故障参数设置,实验者通过操作专用试验测试装置进行实验,观测和记录模拟系统中各种继电保护与自动装置的动作情况,根据所学知识及装置定值,分析继电保护装置与自动装置的动作特性。实验者根据继电保护与自动装置的动作参数,分析判断故障点范围、故障类型及故障参数,进一步分析继电保护与自动装置参数整定与配合的合理性与正确性。

(3)通过综合故障实验系统上位机软件平台进行变电站电气五防操作实验

根据主接线设置隔离开关五防操作规则,实验者在实验系统中进行主接线电气倒闸操作,验证五防操作规则的正确性,进一步分析五防操作规则对电气倒闸操作的影响及可能发生的故障。

4.8.3.1 实验内容

本次实验针对已知和未知故障点、故障类型、故障参数的情况下进行实验,主要实验项目如下:

1)已知故障点、故障类型、故障参数情况下的系统综合故障实验

该实验项目在实验者已知故障点、故障类型、故障参数的情况下,由实验者针对模拟系统可预设的 F_1 至 F_{14} 故障点选取不同故障点及故障参数进行故障设置,并启动试验,实验者观测和记录模拟系统中各种保护装置的动作情况,根据所学知识及装置定值,分析保护装置的动作特性,判断保护装置参数整定与配合的合理性与正确性。

2)未知故障点、故障类型、故障参数情况下的系统综合故障实验

该实验项目在实验者未知故障点、故障类型、故障参数的情况下,实验指导者(指导教师)针对模拟实验系统可预设的 F_1 至 F_{14} 故障点进行故障点选择及故障参数设置,并启动试验,实验者观测和记录模拟系统中各种保护装置的动作情况,根据所学知识及装置定值,分析继电保护与自动装置的动作特性,并根据继电保护与自动装置的动作参数,判断故障点范围、故障类型及故障参数,进一步分析保护装置参数整定与配合的合理性与正确性。

3)变电站电气五防操作实验

该实验项目根据变电站主接线的五防操作规则,对实验者的电气倒闸操作进行模拟实验,实验者根据电气倒闸操作要求,进行电气倒闸操作,实验系统根据系统设置的五防规则检验倒闸操作的正确性。实验过程中,实验者观测和记录模拟实验系统中电气倒闸操作对系统的影响,及继电保护与自动装置的动作情况,根据所学知识,以及保护装置与自动装置定值,检验五防规则的合理性与正确性。进一步分析五防操作规则对电气倒闸操作的影响及可能发生的故障。

4.8.3.2 实验步骤

实验操作基本步骤如下:

1)继电保护与自动装置定值整定

根据模拟实验系统一次主接线的原理,要进行继电保护与自动装置综合故障实验验证,必须根据系统运行状况对相关继电保护与自动装置定值进行合理整定,这可以通过变电站综合自动化系统的监控主站 PS 6000+自动化监控系统软件平台进行继电保护与自动装置定值的查看与修改,具体方法参见实验一,所有装置定值均应该正确而合理配置。

2）实验测试装置及测试软件的参数设置

本实验采用的试验系统与前面的实验类似，只是实验中使用专用试验测试装置作为测试设备。与前面的实验类似，通过专用试验测试装置生成测试所需要的电压、电流信号（即基于 IEC 61850 标准 SMV 或 GOOSE 报文），并经光纤接入实验系统的"SMV、GOOSE 网络交换机"，试验测试仪的运行与测试是通过网线与专用试验测试装置连接的后台 PC 主机上位机控制软件进行的，其系统原理结构如图 4.53 所示。

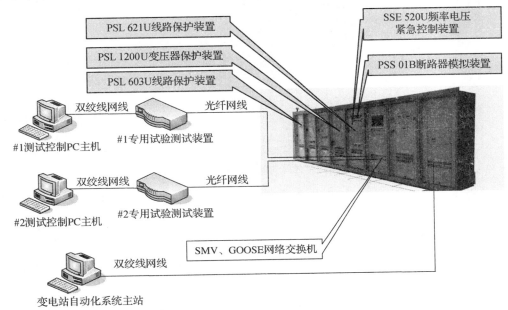

图 4.53　智能变电站综合故障实验系统基本原理结构图

实验系统中有两台专用测试装置及与其分别相连的实验测试控制 PC 主机。其中，#1 专用测试装置用于生成变电站及实验系统常规实验测试信号；#2 专用测试装置用于故障信号生成。专用试验测试装置是分别通过光纤连接的实验测试控制后台 PC 主机进行控制的，在该后台 PC 上运行的上位机控制软件用于实验信号控制及系统模拟计算。本次实验主要是通过与#2 专用测试装置相连的控制主机进行实验的；实验是通过操作运行于#2 专用测试装置后台 PC 中的上位机控制软件进行的。

在#2 测试装置后台 PC 桌面上的图标"PowerFaultTest"为综合故障测试系统上位机控制软件程序图标；鼠标双击该图标启动综合故障实验上位机测试软件，界面如图 4.54 所示。

在 4.54 所示主程序界面图中，窗口右上角的"信息提示窗口"用于系统运行过程中提示信息的显示。主窗口中包括菜单栏、工具栏和状态栏，与大多数 Windows 应用程序类似。菜单栏包括"文件""编辑""绘图""设置""查看""处理""实验"及"帮助"等菜单。"文件"菜单用于实验模板文件加载保存等功能；"编辑"和"绘图"菜单用于主接线图编辑；"设置"菜单用于系统参数设置；"查看"菜单用于查看系统测试运行的相关信息；"处理"菜单用于实验操作相关功能；"实验"菜单用于实验测试系统启停机故障模拟启动与停止操作；"帮助"菜单显示关于软件版本及使用帮助的相关信息。

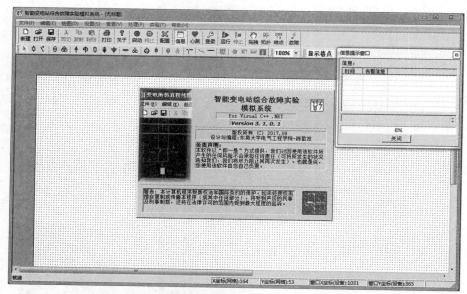

图 4.54　智能变电站综合故障实验系统后台 PC 控制软件启动界面图

在主程序的工具栏中与实验相关的主要工具图标有"启动""终止""运行""停止""拖拽""拓扑""结点"和"故障"等按钮,点击相关按钮用于快捷执行相关功能,这些功能在菜单中有对应的菜单项;其中,"启动"和"终止"按钮用于实验系统启动与终止,"运行"和"停止"按钮用于模拟故障启动与停止,"拖拽"按钮用于主接线的拖拽显示,"拓扑"和"结点"按钮用于显示主接线的电气网络拓扑连接信息,"故障"按钮用于实验测试系统故障参数的设置功能。

根据实验需要,对于综合故障实验,首先需要打开模拟测试系统的主接线图,点击综合故障测试系统上位机控制软件主界面中的【文件】【打开】菜单按钮,然后在打开的对话框中选择"智能变电站综合故障实验系统.psm"文件,如图 4.55 所示;主接线加载完成后窗口中将显示模拟实验系统主接线图,如图 4.56 所示。

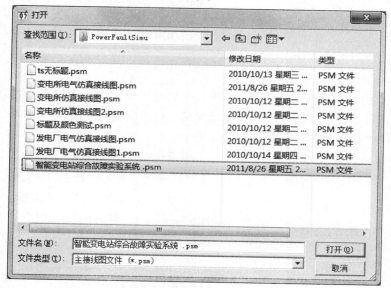

图 4.55　模拟实验测试系统主接线打开文档对话框

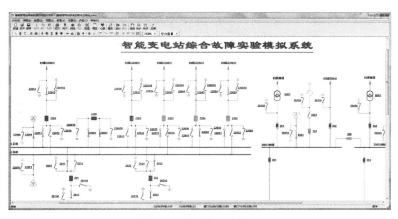

图 4.56　模拟实验测试系统主程序界面图

为了简化实验操作,实验测试系统上位机软件参数已经预设好,并存储在模板文件中(模板文件存储主接线图及系统参数等相关信息);与实验相关的参数主要是故障参数和五防规则参数。对于本实验项目,要查看和设置故障参数只需要点击程序【主菜单】中的【设置】【实验故障设置】及【五防规则设置】菜单,在弹出的参数设置对话框中,对相关参数进行查看或设置即可。

对于故障参数设置,其对话框如图 4.57 所示。在对话框上部的参数列表中,包括了"故

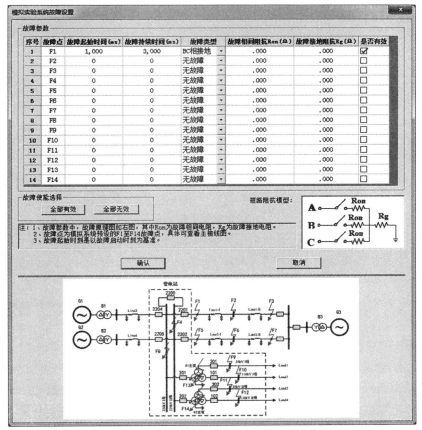

图 4.57　实验系统故障参数设置界面图

障点""故障起始时间""故障持续时间""故障类型""故障相间阻抗""故障接地阻抗"及"是否有效"等参数。其中,"故障点"对应于对话框下部的主接线图中所标示的 $F_1 \sim F_{14}$ 故障点,"故障起始时间"和"故障持续时间"是以故障启动时刻为参考点的故障发生时间和持续时间,单位为毫秒;"故障类型"是指故障点所发生故障的类型,主要包括【A 相接地】、【B 相接地】、【C 相接地】、【AB 相接地】、【BC 相接地】、【AC 相接地】、【ABC 相接地】、【AB 相短路】、【BC 相短路】、【CA 相短路】及【无故障】等选项,涵盖了单相及两相接地故障、三相接地故障及两相短路故障等各种故障类型。"故障相间阻抗"和"故障接地阻抗"参数用于设置故障点的短路阻抗,其短路故障阻抗模型显示在对话框的中右部。

对于变电站电气五防规则的设置,其对话框如图 4.58 所示。在对话框左侧列表框中,列出了主接线中隔离开关名称,对话框右侧显示当前隔离开关的分闸与合闸五防规则,点击【编辑分(合)闸规则】【清除分(合)闸规则】按钮可以编辑、修改和清除五防操作规则。五防规则是以隔离开关操作所关联对象状态的分合闸逻辑表达式进行表示的,分合闸规则表达式中的逻辑运算符(例如"=="),左边数字是主接线图中对应的断路器或隔离开关编号,右边数字"0"或"1"表示分闸或合闸("1"表示合闸,"0"表示分闸)。例如,隔离开关"22013"的分闸规则表达式(2201==0)中,其含义是当断路器 2201 处于分闸("0")状态时,即逻辑表达式(2201==0)为"真",隔离开关 22013 操作解除闭锁,可以进行分闸操作,否则处于闭锁状态,不允许其分闸操作。对于合闸规则以此类推,即合闸规则逻辑表达式为"真"时,解除操作闭锁,否则处于操作闭锁状态。

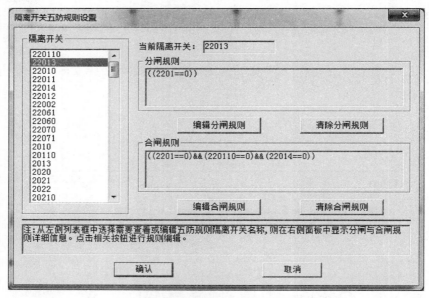

图 4.58　实验系统五防规则设置界面图

实验所需 SMV 及 GOOSE 信号参数已预设好,无需更改。

3) 继电保护与自动装置及断路器模拟装置状态检查

实验测试系统环境及参数设置完成后,需要检查继电保护与自动装置的状态,对于所有装置,按压装置面板右侧的"复位"按钮,以清除原警告信息及警告指示灯,并查看 LCD 液晶触摸显示屏中的装置信息。

参数设置完成后,需要确认测试装置与测试后台软件的连接正确。

继电保护与自动装置的出口如果连接了 PSS 01B 断路器模拟装置,与前面实验一样,在模拟测试之前,断路器需要处于合闸状态。

4)实验测试操作

设备状态检查完成后,可以开始进行实验测试,点击综合故障模拟测试系统上位机软件窗口中工具栏中的【启动】按钮,启动实验测试系统;随后,查看智能变电站实验系统中主要设备的运行状况,这可以通过各个装置的 LCD 显示屏及监控系统主站后台软件查询设备的运行状态,具体可参考前面的实验方法,并仔细确认系统处于正常运行状态。

根据本实验的测试项目,做如下操作:

(1)已知故障点、故障类型、故障参数情况下的系统综合故障实验

首先,根据实验项目,在实验测试系统上位机软件主窗口中,通过点击主程序【主菜单】中的【设置】【实验故障设置】菜单进行故障参数设置,然后点击工具栏中的【运行】按钮,开始故障测试,直至实验结束。在实验测试过程中,在测试软件窗口中可以观察开关动作情况,同时查看装置的 LCD 显示屏所显示的故障信息,监控后台也会有相应的动作信息列表;如果出口断路器动作,则断路器模拟装置会发出跳闸音响提示,观察断路器模拟装置面板中断路器的分合闸位置的变化,并记录测试结果。

(2)未知故障点、故障类型、故障参数情况下的系统综合故障实验

根据实验项目要求,首先由实验指导者(指导教师)在实验测试系统上位机软件主窗口中,通过点击主程序【主菜单】中的【设置】【实验故障设置】菜单进行故障参数设置,然后由实验者点击工具栏中的【运行】按钮,开始故障运行测试,直至实验结束。在实验测试过程中,相关信息的查看方法同上,并记录测试结果。

(3)变电站电气五防操作实验

该实验项目根据变电站主接线的五防操作规则,对实验者的电气倒闸操作进行操作正确性验证实验测试。实验者根据电气倒闸操作要求,在实验测试系统上位机主程序窗口的主接线图中进行电气倒闸操作实验。具体操作方法是:点击主程序【主菜单】中的【处理】【模拟倒闸操作】菜单,此时,系统进入模拟倒闸操作状态,随后在主接线图中点击需要操作的隔离开关或断路器,即可进行断路器与隔离开关的分合闸操作。操作过程中,实验系统根据系统设置的五防规则检验倒闸操作的正确性,如果出现违反五防规则的情况,则会弹出相关闭锁信息对话框进行提示,如图 4.59 所示。实验过程中,实验者观测和记录模拟实验系统中电气倒闸操作对系统的影响,及继电保护与自动装置的动作情况,根据所学知识,以及保护装置与自动装置定值,检验五防规则的合理性与正确性。如果五防规则设置不正确,将可能导致发生系统故障,继电保护与自动装置将动作,实验者可以根据故障现象检验规则的正确性,进一步分析五防操作规则对电气倒闸操作的影响及可能发生的故障。

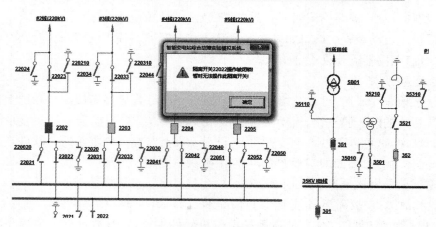

图 4.59　实验系统倒闸操作图

5）获取和记录实验数据

实验过程中,仔细观察实验现象及装置测试结果信息,记录测试结果数据及继电保护与自动装置动作信息,主要是通过监控系统后台软件及各个装置的 LCD 触摸屏界面查看并记录。

需要记录的数据信息如下表所示:

（1）已知故障点、故障类型、故障参数情况下的系统综合故障实验

表 4.15　已知故障参数情况下的综合故障实验数据记录表

序号	故障参数				继电保护与自动装置动作信息	
	故障点	故障类型	故障阻抗（Ron,Rg）	故障时间（起始、持续时间）	动作断路器	动作缘由
1						
2						
3						

（2）未知故障点、故障类型、故障参数情况下的系统综合故障实验

表 4.16　未知故障参数情况下的综合故障实验数据记录表

序号	继电保护与自动装置动作信息				可能的故障点
	动作断路器	动作装置名称	故障类型	故障电压电流	
1					
2					
3					

（3）变电站电气倒闸操作实验

表 4.17　变电站倒闸操作实验数据记录表

序号	电气倒闸操作			五防规则
	倒闸操作目标	倒闸操作步骤	倒闸操作结果	
1				
2				
3				

4.8.4　实验结果分析

实验完成后,根据获取的数据,做如下分析:

(1)已知故障点、故障类型、故障参数情况下的系统综合故障实验数据分析

根据实验测试结果,确定与故障点相关的保护装置动作是否正确,查阅各个继电保护与自动装置定值,与理论计算值进行比较,并校验各个定值的正确性。

(2)未知故障点、故障类型、故障参数情况下的系统综合故障实验数据分析

根据实验测试结果,确定继电保护与自动装置动作情况,详细分析可能发生故障的地点,最终确定故障地点、故障类型,并校验继电保护与自动装置定值与配置的正确性。

(3)变电站倒闸操作实验数据分析

根据实验测试结果,确定倒闸操作步骤的正确性,分析相关倒闸操作的五防规则的正确性。

4.8.5　实验报告

(1)实验过程中,观察并记录实验数据。

(2)根据实验数据,详细分析在已知故障点、故障类型、故障参数情况下的系统各个继电保护与自动装置动作情况,根据装置定值与配置确定继电保护与自动装置各项参数及定值的正确性。

(3)根据实验数据,依据系统中各个继电保护与自动装置动作情况、动作时间、定值,详细分析可能发生故障的地点,确定故障点、故障类型,根据装置定值与配置确定继电保护与自动装置各项参数及定值的正确性,理解和掌握电力系统继电保护配置的原理。

(4)根据倒闸操作相关信息,分析五防规则设置方法与原则,给出倒闸操作的一般规则。

4.8.6　拓展实验

在上述基本实验的基础上,进行如下拓展性实验:

该实验项目要求实验者针对基本实验中继电保护与自动装置的动作情况,重新计算和修改继电保护与自动装置参数整定值,拟订新的实验方案,然后在实验者未知故障点、故障类型、故障参数的情况下,实验指导者(指导教师)针对模拟实验系统可预设的 F_1 至 F_{14} 故障点进行故障点选择及故障参数设置,并启动试验,实验者观测和记录模拟系统中各种保护装置的动作情况,根据所学知识,以及装置定值,分析继电保护与自动装置的动作特性,并根据继电保护与自动装置的动作参数,判断故障点范围、故障类型及故障参数,进一步分析保护装置参数整定与配合的合理性与正确性。

对于拓展性电气倒闸操作实验,由指导教师设置不正确的五防规则或者关闭系统五防规则校验功能,然后由实验者进行电气倒闸操作实验。实验过程中,如果实验者的电气倒闸操作步骤错误,将导致变电站发生系统故障,继电保护与自动装置将动作,实验者根据保护装置动作情况及故障现象,判断故障发生原因,进而修正五防规则,直至电气倒闸实验过程

中所有操作都正确为止。实验完成后,分析五防规则的正确设置原理,总结变电站内各种继电保护与自动装置定值整定与配合方法,进一步理解和掌握电力系统变电站继电保护与自动装置工作原理,提高分析与解决工程实际问题的能力。

4.8.7　预习要求

1. 熟悉实验系统中各种继电保护与自动装置原理,仔细阅读本实验教程相关理论部分;

2. 熟悉实验过程中所使用的实验设备试验方法,理解实验原理及有关操作步骤;

3. 熟悉实验系统测试项目的详情及其实验测试目的。

4.8.8　实验研讨与思考题

1. 在进行综合故障实验时,系统中多个继电保护与自动装置是如何进行配合的?

2. 试分析与总结通过继电保护与自动装置的动作信息判定系统故障点的一般方法。

3. 试分析与总结智能变电站继电保护与自动装置功能及参数定值配置的一般方法。

4. 试分析电气倒闸规则确定的一般方法。

参考文献

[1] 陈珩.电力系统稳态分析(第四版)[M].北京:中国电力出版社,2015.

[2] 李光琦.电力系统暂态分析(第三版)[M].北京:中国电力出版社,2007.

[3] IEC. IEC 61850 Communication Networks and System in Substation[S]. 2004.

[4] 张凤鸽,杨德先,易长松.电力系统动态模拟技术[M].北京:机械工业出版社,2014.

[5] 张保全,尹项根.电力系统继电保护(第二版)[M].北京:中国电力出版社,2010.

[6] 贺家李,李永丽,董新洲,等.电力系统继电保护原理(第四版)[M].北京:中国电力出版社,2010.

[7] 贺家李,宋从矩.电力系统继电保护原理(增订版)[M].北京:中国电力出版社,2010.

[8] 杨奇逊,黄少锋.微型机继电保护基础(第四版)[M].北京:中国电力出版社,2013.

[9] 杨冠诚.电力系统自动装置原理(第五版)[M].北京:中国电力出版社,2012.

[10] 中国国家标准化管理委员会.GB/T 26864—2011 电力系统继电保护产品动模试验[S].北京:中国标准出版社,2011.

[11] 中国国家标准化管理委员会.DL/T 723—2000 电力系统安全稳定控制技术导则[S].北京:中国标准出版社,2000.

[12] 中国国家标准化管理委员会.DL/T 663—1999,220 kV～500 kV 电力系统故障动态记录装置检测要求[S].北京:中国标准出版社,1999.

[13] 国电南京自动化股份有限公司.PSL 601U/602U 线路保护装置(智能站)说明书[S],2011.

[14] 国电南京自动化股份有限公司.PSL 603U 系列线路保护装置(智能站)说明书[S],2011.

[15] 国电南京自动化股份有限公司.PSL 621U 系列线路保护装置(智能站)说明书[S],2011.

[16] 国电南京自动化股份有限公司.PST 1200U 变压器保护装置(智能站)说明书[S],2011.

[17] 国电南京自动化股份有限公司.SSE 520U 频率电压紧急控制装置说明书[S],2011.